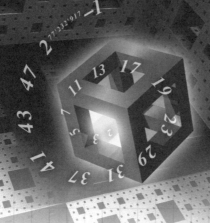

図解「素数玉手箱」

藤上輝之
Teruyuki Fujikami

文芸社

まえがき

　これまでに"素数"という言葉に接した方は多いでしょうが、"素数和"ともなると馴染みのない方が多いように思われます。
　そこで分かり易い例を挙げると、偶数68の素数和は、7+61と31+37の二組だけです。そしてこの先、偶数の値が大になるにつれて素数和の組数も増加しますが、組数が二組以下になることは決してありません。

　次に素数は、魔力にも似た不思議な力を備えています。こうした威力は、果たして何処から来るのでしょうか？
　私が素数に取り憑かれたのは、ほぼ20年前です。当時100万3が素数であることを知って驚いたことを覚えています。その後、1兆-11が素数であることを知りましたが、その時はそれほど驚きませんでした。
　なぜなら、1兆は、たった13桁に過ぎません。その当時は既に47番目のメルセンヌ素数である $M_{43'112'609} = 2^{43'112'609} - 1$ が発見されていたからに他なりません。その巨大さは、約1'300万桁に達するほどなのす。

　永遠に増大していく人知を超えた素数の巨大さが、素数の威力の根源にあることは確かです。今後、スーパーコンピュータの性能を飛躍的に高めさえすれば、1兆桁、さらには1京(けい)桁にも達する超巨大なメルセンヌ素数の発見も夢ではありません。

　とはいえ、地球の環境を痛めつける人類の愚かな行為が続くと、地球の寿命を短め、人類の存続を危うくする事態を迎えるであろうことは目に見えるようです。残念なことに、超高性能コンピュータの開発競争と地球環境の破壊とは密接な関係を有しています。

　コンピュータの能力を当てにせず人間の英知だけで、1京桁に達する超巨大メルセンヌ素数が相対的に塵芥(ちりあくた)に見えるほどの超々巨大な素数を見つける方法は、実際に皆無なのでしょうか。

目 次

まえがき ——————————————————— 3

玉手箱その1
素数和・図解100選 ——————————— 7

玉手箱その2
素数お宝表 ——————————————— 59

玉手箱その3
八つ子素数 みーつけた ————————— 91

玉手箱その4
ロマンチックなメルセンヌ素数 ————— 111

玉手箱その5
補論；拡張ゴールドバッハ予想への矩形　　　abc理論の適用 ——————————— 123

玉手箱その1
素数和・図解100選

■奇素数とは？

　素数とは、2、3、5、7、11、13、17、19、23、29、31……のように、1およびそれ自体の数以外では割り切れない数を指します。ここに並べた例からも分かるように、無限に続く素数のうち偶数は2だけで、あとはすべて奇数です。これを奇素数と呼んで区別することもできますが、ここでは2を除いた奇素数を単に素数と呼ぶことにします。

　そうすると、3は素数の原点であると見なすことができます。なぜなら、3以上の整数の2倍から3を差し引いた値、すなわち（2n−3）が素数であることが必須となるからです。

　それではn=3からスタートして、（2n−3）がどうなるか、素数和とは何か、素数和算定に伴う『脚（あし）』とは何か、さらに、素数積とは何か、など「一辺がnの正方形」を利用して、n=3の場合からn=52の場合までを図解します。

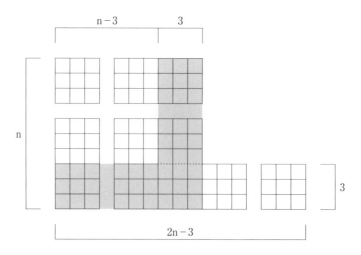

図解；（2n−3）が素数の場合の最長脚素数和（積）

■n＝3では一組の素数和（積）がある。

　n＝3の場合、(2n−3)＝3で素数です。つまり、2n＝6は3＋3という一組の素数和を有しています。この素数和は下図で示すように、一辺がn＝3の正方形のタテヨコ両辺の和を意味しています。

　この素数和を (3−0)＋(3＋0) と書きかえれば他の場合と同じように、マイナス0とプラス0の脚を伴うことが分かります。また、(3−0)(3＋0) が素数積で、正方形の面積を意味しています。

図解；2n＝6の素数和（積）

■n＝4でも一組の素数和（積）のみである。

　n＝4の場合、(2n−3)＝5で素数です。つまり、2n＝8は3＋5という一組の素数和を有しています。ここでは一辺がn＝4の正方形を利用します。

　この素数和は、正方形の中にある左肩の欠けた山型図形の立ち上がり部分（巾3・高さ1）を回転させながら移動して、矩形に置き換えた時の長短両辺の和を意味しています。この山型図形とは、一辺がn＝4の正方形の左上隅から、一辺が1＝4−3の小さめの正方形を取り除いた時にできる図形を指しています。素数和3＋5＝(4−1)＋(4＋1) ですから、脚はマイナス1とプラス1です。また、素数積 (4−1)(4＋1) は、矩形の長短両辺の積、すなわち山型図形の面積です。

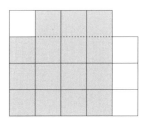

図解；2n＝8の素数和（積）

■n＝5では二組の素数和（積）がある。

　n＝5の場合、(2n－3)＝7で素数です。つまり、2n＝10は3＋7という素数和を有しています。他に5＋5という素数和もあります。

　ここでは一辺がn＝5の正方形を利用します。素数和3＋7は、正方形の中の山型図形の立ち上がり部分（巾3・高さ2）を回転させながら移動して、矩形に置き換えた時の長短両辺の和を意味しています。この山型図形とは、一辺がn＝5の正方形の左上隅から、一辺が2(＝5－3)の小さめの正方形を取り除いた時にできる図形を指しています。

　素数和3＋7＝(5－2)＋(5＋2)ですから、脚はマイナス2とプラス2です。

　また、素数積(5－2)(5＋2)は、矩形の長短両辺の積、すなわち、山型図形の面積です。

　もう一組の素数和5＋5は、一辺がn＝5の正方形のタテヨコ両辺の和を意味しています。この素数和を(5－0)＋(5＋0)と書きかえれば、マイナス0とプラス0の脚を伴うことが分かります。

　また、(3－0)(3＋0)が素数積で、正方形の面積を意味しています。

　ただし次からは、マイナス0とプラス0の脚を伴うという表現は用いず、単に「脚長0」とします。

　素数和が二組以上の場合は、脚が最も長い時の素数和と最も短い時の素数和をそれぞれ「最長脚素数和」および「最短脚素数和」と呼んで、他と区別することができます。

　n＝5の場合を例にとると、脚長が2の3＋7が最長脚素数和で、脚長が0の5＋5が最短脚素数和です。

　このことは素数積に関しても同様に当てはまります。

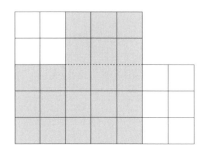 

図解；2n＝8の最長脚素数和（積）と最短脚素数和（積）

■n＝6でも一組の素数和（積）のみである。

　n＝6の場合、(2n−5)＝7で素数です。つまり、2n＝12は5＋7という一組の素数和を有しています。ここでは一辺がn＝6の正方形を利用します。

　この素数和は、正方形の中にある左肩の欠けた山型図形の立ち上がり部分（巾5・高さ1）を回転させながら移動して、矩形に置き換えた時の長短両辺の和を意味しています。この山型図形とは、一辺がn＝6の正方形の左上隅から、一辺が1（＝6−5）の小さめの正方形を取り除いた時にできる図形を指しています。

　素数和5＋7＝(6−1)＋(6＋1)ですから、脚はマイナス1とプラス1です。

　また、素数積(6−1)(6＋1)は、矩形の長短両辺の積、すなわち山型図形の面積です。

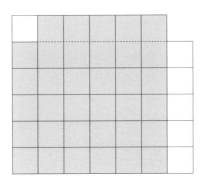

図解；2n＝12の素数和（積）

■n＝7では二組の素数和（積）がある。

　n＝7の場合、(2n−3)＝11で素数です。つまり、2n＝14は3＋11という素数和を有しています。他に7＋7という素数和もあります。

　ここでは一辺がn＝7の正方形を利用します。素数和3＋11は、正方形の中の山型図形の立ち上がり部分（巾3・高さ4）を回転させながら移動して、矩形に置き換えた時の長短両辺の和を意味しています。この山型図形とは、一辺がn＝7の正方形の左上隅から、一辺が4（＝7−3）の小さめの正方形を取り除いた時にできる図形を指しています。

　素数和3＋11＝(7−4)＋(7＋4)ですから、脚はマイナス4とプラス4です。また、素数積(7−4)(7＋4)は、矩形の長短両辺の積、すなわち、山型図形の面積です。

　もう一組の素数和7＋7は、一辺がn＝7の正方形のタテヨコ両辺の和を意味しています。この素数和を(7−0)＋(7＋0)と書きかえれば、マイナス0とプラス0の脚を伴うことが分かります。

　また、(7−0)(7＋0)が素数積で、正方形の面積を意味しています。

　素数和が二組以上の場合は、脚が最も長い時の素数和と最も短い時の素数和をそれぞれ「最長脚素数和」および「最短脚素数和」と呼んで、他と区別することができます。

　n＝7の場合を例にとると、脚長が4の3＋11が最長脚素数和で、脚長が0の7＋7が最短脚素数和です。

　このことは素数積に関しても同様に当てはまります。

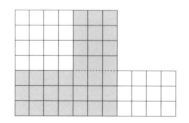 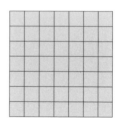

図解；2n＝14の最長脚素数和（積）と最短脚素数和（積）

■n＝8では二組の素数和（積）がある。

　n＝8の場合、(2n－3)＝13で素数です。つまり、2n＝16は3＋13という素数和を有しています。他に5＋11という素数和もあります。

　ここでは一辺がn＝8の正方形を利用します。素数和3＋13は、正方形の中の山型図形の立ち上がり部分（巾3・高さ5）を回転させながら移動して、矩形に置き換えた時の長短両辺の和を意味しています。この山型図形とは、一辺がn＝8の正方形の左上隅から、一辺が5（＝8－3）の小さめの正方形を取り除いた時にできる図形を指しています。

　素数和3＋13＝(8－5)＋(8＋5) ですから、脚はマイナス5とプラス5です。

　また、素数積 (8－5)(8＋5) は、矩形の長短両辺の積、すなわち、山型図形の面積です。

　もう一組の素数和5＋11は、一辺がn＝8の正方形の中の山型図形の立ち上がり部分（巾5・高さ3）を回転させながら移動して、矩形に置き換えた時の長短両辺の和を意味しています。この山型図形とは、一辺がn＝8の正方形の左上隅から、一辺が3（＝8－5）の小さめの正方形を取り除いた時にできる図形を指しています。

　素数和5＋11＝(8－3)＋(8＋3) ですから、脚はマイナス3とプラス3です。

　また、素数積 (8－3)(8＋3) は、矩形の長短両辺の積、すなわち、山型図形の面積です。

　ここでの素数和も3＋13と5＋11の二組あるので、前者が「最長脚素数和」、後者が「最短脚素数和」に該当します。

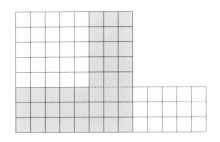 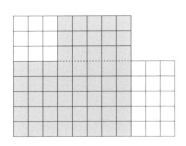

図解；2n＝16の最長脚素数和（積）と最短脚素数和（積）

■n＝9でも二組の素数和（積）がある。

　n＝9の場合、(2n−5)＝13で素数です。つまり、2n＝18は5＋13という素数和を有しています。他に7＋11という素数和もあります。

　ここでは一辺がn＝9の正方形を利用します。素数和5＋13は、正方形の中の山型図形の立ち上がり部分（巾5・高さ4）を回転させながら移動して、矩形に置き換えた時の長短両辺の和を意味しています。この山型図形とは、一辺がn＝9の正方形の左上隅から、一辺が4(＝9−5)の小さめの正方形を取り除いた時にできる図形を指しています。

　素数和5＋13＝(9−4)＋(9＋4)ですから、脚はマイナス4とプラス4です。また、素数積(9−4)(9＋4)は、矩形の長短両辺の積、すなわち、山型図形の面積です。

　もう一組の素数和7＋11は、一辺がn＝9の正方形の中の山型図形の立ち上がり部分（巾7・高さ2）を回転させながら移動して、矩形に置き換えた時の長短両辺の和を意味しています。この山型図形とは、一辺がn＝9の正方形の左上隅から、一辺が2(＝9−7)の小さめの正方形を取り除いた時にできる図形を指しています。

　素数和(7＋11)＝(9−2)＋(9＋2)ですから、脚はマイナス2とプラス2です。また、素数積(9−2)(9＋2)は、矩形の長短両辺の積、すなわち、山型図形の面積です。

　ここでの素数和も5＋13と7＋11の二組あるので、前者が「最長脚素数和」、後者が「最短脚素数和」に該当します。

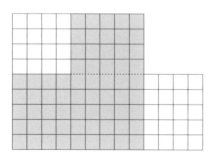 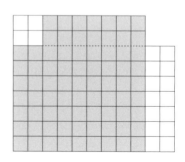

図解；2n＝18の最長脚素数和（積）と最短脚素数和（積）

■n＝10でも二組の素数和（積）がある。

　n＝10の場合、(2n－3)＝17で素数です。つまり、2n＝20は3＋17という素数和を有しています。他に7＋13という素数和もあります。ここでは一辺がn＝10の正方形を利用します。素数和3＋17は、正方形の中の山型図形の立ち上がり部分（巾3・高さ7）を回転させながら移動して、矩形に置き換えた時の長短両辺の和を意味しています。この山型図形とは、一辺がn＝10の正方形の左上隅から、一辺が7(＝10－3)の小さめの正方形を取り除いた時にできる図形を指しています。

　素数和3＋17＝(10－7)＋(10＋7)ですから、脚はマイナス7とプラス7です。また、素数積(10－7)(10＋7)は、矩形の長短両辺の積、すなわち、山型図形の面積です。これが脚長7の最長脚素数和（積）に該当します。

　もう一組の素数和7＋13は、一辺がn＝10の正方形の中の山型図形の立ち上がり部分（巾7・高さ3）を回転させながら移動して、矩形に置き換えた時の長短両辺の和を意味しています。この山型図形とは、一辺がn＝10の正方形の左上隅から、一辺が3(＝10－7)の小さめの正方形を取り除いた時にできる図形を指しています。素数和(7＋13)＝(10－3)＋(10＋3)ですから、脚はマイナス3とプラス3です。

　また、素数積(10－3)(10＋3)は、矩形の長短両辺の積、すなわち、山型図形の面積です。これが脚長3の最短脚素数和（積）に該当します。

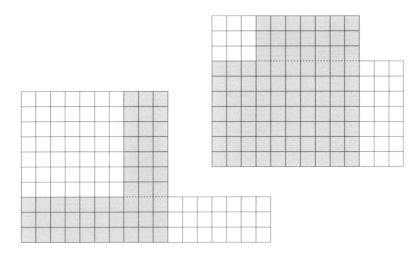

図解；2n＝20の最長脚素数和（積）と最短脚素数和（積）

■n＝11では三組の素数和（積）がある。

　n＝11の場合、(2n－3)＝19で素数です。つまり、2n＝22は3＋19という素数和を有しています。他に5＋17と11＋11という素数和もあります。ここでは一辺がn＝11の正方形を利用します。素数和3＋19は、正方形の中の山型図形の立ち上がり部分（巾3・高さ8）を回転させながら移動して、矩形に置き換えた時の長短両辺の和を意味しています。この山型図形とは、一辺がn＝11の正方形の左上隅から、一辺が8(＝11－3)の小さめの正方形を取り除いた時にできる図形を指しています。

　素数和3＋19＝(11－8)＋(11＋8)ですから、脚はマイナス8とプラス8です。また、素数積(11－8)(11＋8)は、矩形の長短両辺の積、すなわち山型図形の面積です。これが脚長8の最長脚素数和（積）に該当します。

　次の素数和5＋17は、正方形の中の山型図形の立ち上がり部分（巾5・高さ6）を回転させながら移動して、矩形に置き換えた時の長短両辺の和を意味しています。脚長は6です。（図　省略）最後の素数和11＋11は、一辺がn＝11の正方形のタテヨコ両辺の和を意味しています。この素数和を(11－0)＋(11＋0)と書きかえれば、脚長は0であることが分かります。また、(11－0)(11＋0)が素数積で、正方形の面積を意味しています。そしてこれが最短脚素数和（積）に該当します。

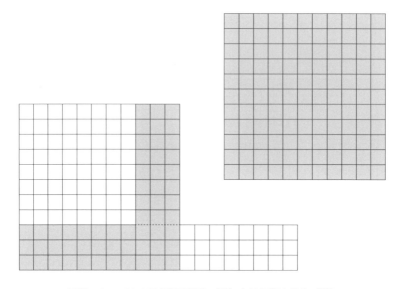

図解；2n＝22の最長脚素数和（積）と最短脚素数和（積）

■n＝12でも三組の素数和（積）がある。

　n＝12の場合、(2n−5)＝19で素数です。つまり、2n＝24は5＋19という素数和を有しています。他に7＋17と11＋13という素数和もあります。ここでは一辺がn＝12の正方形を利用します。素数和5＋19は、正方形の中の山型図形の立ち上がり部分（巾5・高さ7）を回転させながら移動して、矩形に置き換えた時の長短両辺の和を意味しています。この山型図形とは、一辺がn＝12の正方形の左上隅から、一辺が7(＝12−5)の小さめの正方形を取り除いた時にできる図形を指しています。

　素数和5＋19＝(12−7)＋(12＋7)ですから、脚はマイナス7とプラス7です。また、素数積(12−7)(12＋7)は、矩形の長短両辺の積、すなわち山型図形の面積です。これが脚長7の最長脚素数和（積）に該当します。

　次の素数和7＋17は、正方形の中の山型図形の立ち上がり部分（巾7・高さ5）を回転させながら移動して、矩形に置き換えた時の長短両辺の和を意味しています。脚長は5です。（図　省略）最後の素数和11＋13は、正方形の中の山型図形の立ち上がり部分（巾11・高さ1）を回転させながら移動して、矩形に置き換えた時の長短両辺の和を意味しています。この山型図形とは、一辺がn＝12の正方形の左上隅から一辺が1(＝12−11)の小さめの正方形を取り除いた時にできる図形を指しています。

　素数和11＋13＝(12−1)＋(12＋1)ですから、脚はマイナス1とプラス1です。また、素数積(12−1)(12＋1)は、矩形の長短両辺の積、すなわち山型図形の面積です。こちらが脚長1の最短脚素数和（積）に該当します。

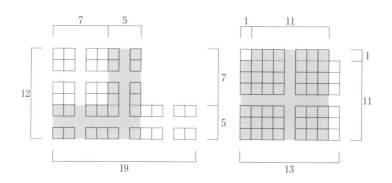

図解；2n＝24の最長脚素数和（積）と最短脚素数和（積）

■n＝13では三組の素数和（積）がある。

　n＝13の場合、(2n－3)＝23で素数です。つまり、2n＝26は3＋23という素数和を有しています。他に7＋19と13＋13という素数和があります。ここでは一辺がn＝13の正方形を利用します。素数和3＋23は、正方形の中の山型図形の立ち上がり部分（巾3・高さ10）を回転させながら移動して、矩形に置き換えた時の長短両辺の和を意味しています。この山型図形とは、一辺がn＝13の正方形の左上隅から、一辺が10(＝13－3)の小さめの正方形を取り除いた時にできる図形を指しています。

　素数和3＋23＝(13－10)＋(13＋10) ですから、脚はマイナス10とプラス10です。また、素数積(13－10)(13＋10) は矩形の長短両辺の積、すなわち山型図形の面積です。これが脚長10の最長脚素数和（積）に該当します。

　次の素数和7＋19は、正方形の中の山型図形の立ち上がり部分（巾7・高さ6）を回転させながら移動して、矩形に置き換えた時の長短両辺の和を意味しています。脚長は6です。（図　省略）

　最後の素数和13＋13は、一辺がn＝13の正方形のタテヨコ両辺の和を意味しています。この素数和を(13－0)＋(13＋0) と書きかえれば、脚長は0であることが分かります。また、(13－0)(13＋0) が素数積で、正方形の面積を意味しています。そしてこれが最短脚素数和（積）に該当します。

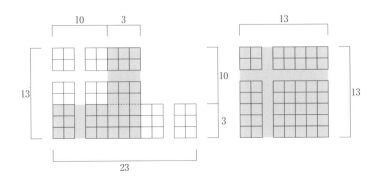

図解；2n＝26の最長脚素数和（積）と最短脚素数和（積）

■n＝14では二組の素数和（積）がある。

　n＝14の場合、(2n－5)＝23で素数です。つまり、2n＝28は5＋23という素数和を有しています。他に11＋17という素数和もあります。

　ここでは一辺がn＝14の正方形を利用します。素数和5＋23は、正方形の中の山型図形の立ち上がり部分（巾5・高さ9）を回転させながら移動して、矩形に置き換えた時の長短両辺の和を意味しています。この山型図形とは、一辺がn＝14の正方形の左上隅から、一辺が9(＝14－5)の小さめの正方形を取り除いた時にできる図形を指しています。素数和（5＋23）＝(14－9)＋(14＋9)ですから、脚はマイナス9とプラス9です。

　また、素数積(14－9)(14＋9)は、矩形の長短両辺の積、すなわち山型図形の面積です。これが脚長9の最長脚素数和（積）に該当します。

　もう一組の素数和11＋17は、正方形の中の山型図形の立ち上がり部分（巾11・高さ3）を回転させながら移動して、矩形に置き換えた時の長短両辺の和を意味しています。この山型図形とは、一辺がn＝14の正方形の左上隅から、一辺が3(＝14－11)の小さめの正方形を取り除いた時にできる図形を指しています。素数和11＋17＝(14－3)＋(14＋3)ですから、脚はマイナス3とプラス3です。また、素数積(14－3)(14＋3)は矩形の長短両辺の積すなわち山型図形の面積です。こちらが脚長3の最短脚素数和（積）に該当します。

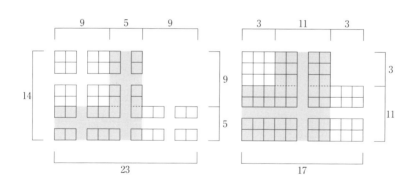

図解；2n＝28の最長脚素数和（積）と最短脚素数和（積）

■n＝15でも三組の素数和（積）がある。

　n＝15の場合、(2n−7)＝23で素数です。つまり、2n＝30は7＋23という素数和を有しています。他に11＋19と13＋17という素数和もあります。

　ここでは一辺がn＝15の正方形を利用します。素数和7＋23は、正方形の中の山型図形の立ち上がり部分（巾7・高さ8）を回転させながら移動して、矩形に置き換えた時の長短両辺の和を意味しています。この山型図形とは、一辺がn＝15の正方形の左上隅から、一辺が8(＝15−7)の小さめの正方形を取り除いた時にできる図形を指しています。

　素数和7＋23＝(15−8)＋(15＋8)で、脚はマイナス8とプラス8です。

　また、素数積(15−8)(15＋8)は、矩形の長短両辺の積、すなわち山型図形の面積です。これが脚長8の最長脚素数和（積）に該当します。

　次の素数和11＋19は、正方形の中の山型図形の立ち上がり部分（巾11・高さ4）を回転させながら移動して、矩形に置き換えた時の長短両辺の和を意味しています。脚長は4です。（図　省略）

　最後の素数和13＋17は、正方形の中の山型図形の立ち上がり部分（巾13・高さ2）を回転させながら移動して矩形に置き換えた時の長短両辺の和を意味しています。この山型図形とは、一辺がn＝15の正方形の左上隅から一辺が2(＝15−13)の小さめの正方形を取り除いた時にできる図形を指しています。素数和13＋17＝(15−2)＋(15＋2)ですから、脚はマイナス2とプラス1です。また、素数積(15−2)(15＋2)は矩形の長短両辺の積すなわち山型図形の面積です。こちらが脚長2の最短脚素数和（積）に該当します。

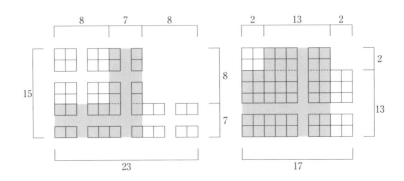

図解；2n＝30の最長脚素数和（積）と最短脚素数和（積）

■n＝16では二組の素数和（積）がある。

　n＝16の場合、(2n－3)＝29で素数です。つまり、2n＝32は3＋29という素数和を有しています。他に13＋19という素数和もあります。

　ここでは一辺がn＝16の正方形を利用します。素数和3＋29は、正方形の中の山型図形の立ち上がり部分（巾3・高さ13）を回転させながら移動して、矩形に置き換えた時の長短両辺の和を意味しています。この山型図形とは、一辺がn＝16の正方形の左上隅から、一辺が13(＝16－3)の小さめの正方形を取り除いた時にできる図形を指しています。

　素数和3＋29＝(16－13)＋(16＋13)ですから、脚はマイナス13とプラス13です。また、素数積(16－13)(16＋13)は矩形の長短両辺の積すなわち山型図形の面積です。これが脚長13の最長脚素数和（積）に該当します。

　もう一組の素数和13＋19は、正方形の中の山型図形の立ち上がり部分（巾13・高さ3）を回転させながら移動して、矩形に置き換えた時の長短両辺の和を意味しています。この山型図形とは、一辺がn＝16の正方形の左上隅から一辺が3(＝16－13)の小さめの正方形を取り除いた時にできる図形を指しています。素数和13＋19＝(16－3)＋(16＋3)ですから、脚はマイナス3とプラス3です。また、素数積(16－3)(16＋3)は矩形の長短両辺の積すなわち山型図形の面積です。こちらが脚長3の最短脚素数和（積）に該当します。

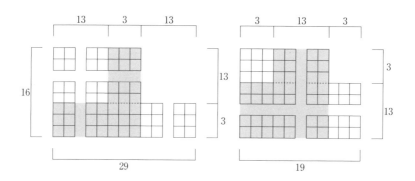

図解；2n＝32の最長脚素数和（積）と最短脚素数和（積）

■n=17では四組の素数和（積）がある。

　n=17の場合、(2n−3)=31で素数です。つまり、2n=34は3+31という素数和を有しています。他に5+29と11+23と17+17の素数和があります。

　ここでは一辺がn=17の正方形を利用します。素数和3+31は、正方形の中の山型図形の立ち上がり部分（巾3・高さ14）を回転させながら移動して、矩形に置き換えた時の長短両辺の和を意味しています。この山型図形とは、一辺がn=17の正方形の左上隅から、一辺が14（=17−3）の小さめの正方形を取り除いた時にできる図形を指しています。

　素数和3+31=(17−14)+(17+14) ですから、脚はマイナス14とプラス14です。また、素数積 (17−14)(17+14) は矩形の長短両辺の積、すなわち山型図形の面積です。これが脚長14の最長脚素数和（積）に該当します。

　次の素数和5+29と11+23については図解を省略し、最短脚素数和の説明に移ります。

　最後の素数和17+17は、一辺がn=17の正方形のタテヨコ両辺の和を意味しています。この素数和を (17−0)+(17+0) と書きかえれば、脚長は0であることが分かります。また、(17−0)(17+0) が素数積で、正方形の面積を意味しています。そしてこれが最短脚素数和（積）に該当します。

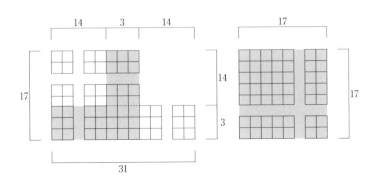

図解；2n=34の最長脚素数和（積）と最短脚素数和（積）

■n＝18では四組の素数和（積）がある。

　n＝18の場合、(2n−5)＝31で素数です。つまり、2n＝36は5＋31という素数和を有しています。他に7＋29、13＋23、および、17＋19という素数和もあります。

　ここでは一辺がn＝18の正方形を利用します。素数和5＋31は、正方形の中の山型図形の立ち上がり部分（巾5・高さ13）を回転させながら移動して、矩形に置き換えた時の長短両辺の和を意味しています。この山型図形とは、一辺がn＝18の正方形の左上隅から、一辺が13(＝18−5)の小さめの正方形を取り除いた時にできる図形を指しています。素数和5＋31＝(18−13)＋(18＋13)ですから、脚はマイナス7とプラス7です。また、素数積(18−13)(18＋13)は、矩形の長短両辺の積、すなわち、山型図形の面積です。これが脚長13の最長脚素数和（積）に該当します。

　次の素数和7＋29と13＋23については、図解を省略します。

　最後の素数和17＋19は、正方形の中の山型図形の立ち上がり部分（巾17・高さ1）を回転させながら移動して、矩形に置き換えた時の長短両辺の和を意味しています。この山型図形とは、一辺がn＝18の正方形の左上隅から一辺が1(＝18−17)の小さめの正方形を取り除いた時にできる図形を指しています。素数和17＋19＝(18−1)＋(18＋1)ですから、脚はマイナス1とプラス1です。また、素数積(18−1)(18＋1)は、矩形の長短両辺の積、すなわち山型図形の面積です。こちらが脚長1の最短脚素数和（積）に該当します。

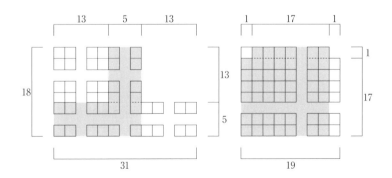

図解；2n＝36の最長脚素数和（積）と最短脚素数和（積）

■n＝19では二組の素数和（積）しかない。

　n＝19の場合、(2n－7)＝31で素数です。つまり、2n＝34は7＋31という素数和を有しています。他に一組、19＋19という素数和があります。

　ここでは一辺がn＝19の正方形を利用します。素数和7＋31は、正方形の中の山型図形の立ち上がり部分（巾7・高さ12）を回転させながら移動して、矩形に置き換えた時の長短両辺の和を意味しています。この山型図形とは、一辺がn＝19の正方形の左上隅から、一辺が12（＝19－7）の小さめの正方形を取り除いた時にできる図形を指しています。

　素数和7＋31＝(19－12)＋(19＋12)ですから、脚はマイナス12とプラス12です。また、素数積(19－12)(19＋12)は矩形の長短両辺の積、すなわち山型図形の面積です。これが脚長12の最長脚素数和（積）に該当します。

　最後の素数和19＋19は、一辺がn＝19の正方形のタテヨコ両辺の和を意味しています。この素数和を(19－0)＋(19＋0)と書きかえれば、脚長は0であることが分かります。また、(19－0)(19＋0)が素数積で、正方形の面積を意味しています。そしてこれが最短脚素数和（積）に該当します。

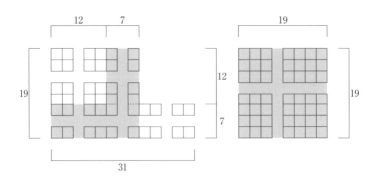

図解；2n＝38の最長脚素数和（積）と最短脚素数和（積）

■n＝20では三組の素数和（積）がある。

　n＝20の場合、(2n−3)＝37で素数です。つまり、2n＝40は3＋37という素数和を有しています。他に11＋29と17＋23という素数和もあります。

　ここでは一辺がn＝20の正方形を利用します。素数和3＋37は、正方形の中の山型図形の立ち上がり部分（巾3・高さ17）を回転させながら移動して、矩形に置き換えた時の長短両辺の和を意味しています。この山型図形とは、一辺がn＝20の正方形の左上隅から、一辺が、17（＝20−3）の小さめの正方形を取り除いた時にできる図形を指しています。

　素数和3＋37＝(20−17)＋(20＋17)ですから、脚はマイナス17とプラス17です。また、素数積(20−17)(20＋17)は矩形の長短両辺の積、すなわち、山型図形の面積です。これが脚長17の最長脚素数和（積）に該当します。

　次の素数和11＋29については、図解を省略します。

　最後の素数和17＋23は、正方形の中の山型図形の立ち上がり部分（巾17・高さ3）を回転させながら移動して矩形に置き換えた時の長短両辺の和を意味しています。この山型図形とは、一辺がn＝20の正方形の左上隅から一辺が3(＝20−17)の小さめの正方形を取り除いた時にできる図形を指しています。素数和17＋23＝(20−3)＋(20＋3)ですから、脚はマイナス3とプラス3です。また、素数積(20−3)(20＋3)は矩形の長短両辺の積、すなわち、山型図形の面積です。これは脚長3の最短脚素数和（積）に該当します。

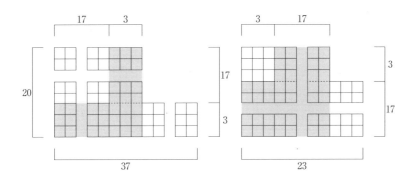

図解；2n＝40の最長脚素数和（積）と最短脚素数和（積）

■n＝21でも四組の素数和（積）がある。

　n＝21の場合、（2n－5）＝37で素数です。つまり、2n＝42は5＋37という素数和を有しています。他に11＋31と13＋29と19＋23の素数和があります。

　ここでは一辺がn＝21の正方形を利用します。素数和5＋37は、正方形の中の山型図形の立ち上がり部分（巾5・高さ16）を回転させながら移動して、矩形に置き換えた時の長短両辺の和を意味しています。この山型図形とは、一辺がn＝21の正方形の左上隅から、一辺が16（＝21－5）の小さめの正方形を取り除いた時にできる図形を指しています。

　素数和5＋37＝（21－16）＋（21＋16）ですから、脚はマイナス16とプラス16です。また、素数積（21－16）（21＋16）は矩形の長短両辺の積、すなわち、山型図形の面積です。これが脚長16の最長脚素数和（積）に該当します。

　次の素数和11＋31と13＋29については図解を省略し、最短脚素数和の説明に移ります。

　最後の素数和19＋23は、一辺がn＝21の正方形の左上隅から、一辺が2（＝21－19）の小さめの正方形を取り除いた時にできる図形を指しています。

　素数和19＋23＝（21－2）＋（21＋2）ですから、脚はマイナス2とプラス2です。また、素数積（21－2）（21＋2）は矩形の長短両辺の積、すなわち、山型図形の面積です。これが脚長2の最短脚素数和（積）に該当します。

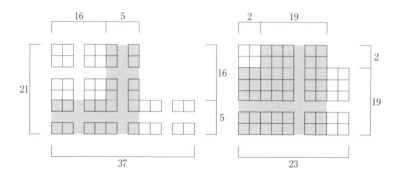

図解；2n＝42の最長脚素数和（積）と最短脚素数和（積）

■n＝22では三組の素数和（積）がある。

　n＝22の場合、(2n－3)＝41で素数です。つまり、2n＝44は3＋41という素数和を有しています。他に7＋37と13＋31という素数和もあります。

　ここでは、一辺がn＝22の正方形を利用します。素数和3＋41は、正方形の中の山型図形の立ち上がり部分（巾3・高さ19）を回転させながら移動して、矩形に置き換えた時の長短両辺の和を意味しています。この山型図形とは、一辺がn＝22の正方形の左上隅から、一辺が19(＝22－3)の小さめの正方形を取り除いた時にできる図形を指しています。

　素数和3＋41＝(22－19)＋(22＋19)ですから、脚はマイナス19とプラス19です。また、素数積(22－19)(22＋19)は矩形の長短両辺の積、すなわち、山型図形の面積です。これが脚長19の最長脚素数和（積）に該当します。

　次の素数和7＋37については、図解を省略します。

　最後の素数和13＋31は、正方形の中の山型図形の立ち上がり部分（巾13・高さ9）を回転させながら移動して矩形に置き換えた時の長短両辺の和を意味しています。この山型図形とは、一辺がn＝22の正方形の左上隅から一辺が9(＝22－13)の小さめの正方形を取り除いた時にできる図形を指しています。素数和13＋31＝(22－9)＋(22＋9)ですから、脚はマイナス9とプラス9です。また、素数積(22－9)(22＋9)は矩形の長短両辺の積、すなわち、山型図形の面積です。これは脚長9の最短脚素数和（積）に該当します。

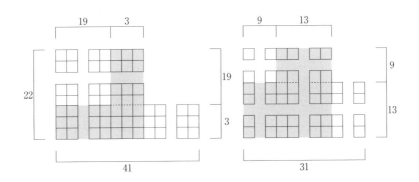

図解；2n＝44の最長脚素数和（積）と最短脚素数和（積）

■n＝23では四組の素数和（積）がある。

　n＝23の場合、(2n－3)＝43で素数です。つまり、2n＝46は3＋43という素数和を有しています。他に5＋41と17＋29と23＋23の素数和があります。

　ここでは一辺がn＝23の正方形を利用します。素数和3＋43は、正方形の中の山型図形の立ち上がり部分（巾3・高さ20）を回転させながら移動して、矩形に置き換えた時の長短両辺の和を意味しています。この山型図形とは、一辺がn＝23の正方形の左上隅から、一辺が20(＝23－3)の小さめの正方形を取り除いた時にできる図形を指しています。

　素数和3＋43＝(23－20)＋(23＋20)ですから、脚はマイナス20とプラス20です。また、素数積(23－20)(23＋20)は矩形の長短両辺の積、すなわち、山型図形の面積です。これが脚長20の最長脚素数和（積）に該当します。

　次の素数和5＋41と17＋29については図解を省略し、最短脚素数和の解説に移ります。

　最後の素数和23＋23は、一辺がn＝23の正方形のタテヨコ両辺の和を意味しています。この素数和を(23－0)＋(23＋0)と書きかえれば、脚長は0であることが分かります。また、(23－0)(23＋0)が素数積で、正方形の面積を意味しています。そしてこれが最短脚素数和（積）に該当します。

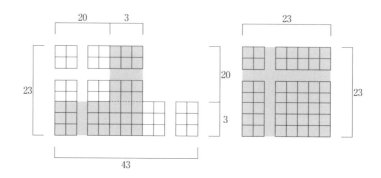

図解；2n＝46の最長脚素数和（積）と最短脚素数和（積）

■n＝24では五組の素数和（積）がある。

　n＝24の場合、(2n−5)＝43で素数です。つまり、2n＝48は5＋43という素数和を有しています。他に7＋41、11＋37、17＋31、および、19＋29という素数和もあります。

　ここでは一辺がn＝24の正方形を利用します。素数和5＋43は、正方形の中の山型図形の立ち上がり部分（巾5・高さ19）を回転させながら移動して、矩形に置き換えた時の長短両辺の和を意味しています。この山型図形とは、一辺がn＝24の正方形の左上隅から、一辺が19（＝24−5）の小さめの正方形を取り除いた時にできる図形を指しています。

　素数和5＋43＝(24−19)＋(24＋19) ですから、脚はマイナス19とプラス19です。また、素数積 (24−19)(24＋19) は矩形の長短両辺の積、すなわち、山型図形の面積です。これが脚長19の最長脚素数和（積）に該当します。

　次の中三組の素数和については、図解を省略します。

　最後の素数和19＋29は、正方形の中の山型図形の立ち上がり部分（巾19・高さ5）を回転させながら移動して矩形に置き換えた時の長短両辺の和を意味しています。この山型図形とは、一辺がn＝24の正方形の左上隅から一辺が5（＝24−19）の小さめの正方形を取り除いた時にできる図形を指しています。素数和19＋29＝(24−5)＋(24＋5) ですから、脚はマイナス5とプラス5です。また、素数積 (24−5)(24＋5) は矩形の長短両辺の積、すなわち、山型図形の面積です。これは脚長5の最短脚素数和（積）に該当します。

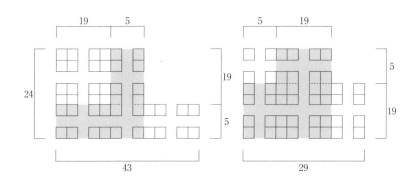

図解；2n＝48の最長脚素数和（積）と最短脚素数和（積）

■n＝25でも四組の素数和（積）がある。

　n＝25の場合、(2n－3)＝47で素数です。つまり、2n＝50は3＋47という素数和を有しています。他に7＋43、13＋37、および、19＋31の素数和があります。ここでは一辺がn＝25の正方形を利用します。素数和3＋47は、正方形の中の山型図形の立ち上がり部分（巾3・高さ22）を回転させながら移動して、矩形に置き換えた時の長短両辺の和を意味しています。この山型図形とは、一辺がn＝25の正方形の左上隅から、一辺が22(＝25－3)の小さめの正方形を取り除いた時にできる図形を指しています。

　素数和3＋47＝(25－22)＋(25＋22) ですから、脚はマイナス22とプラス22です。また、素数積 (25－22)(25＋22) は矩形の長短両辺の積、すなわち、山型図形の面積です。これが脚長22の最長脚素数和（積）に該当します。

　次の素数和7＋43と13＋37については図解を省略し、最短脚素数和の解説に移ります。

　最後の素数和19＋31は、一辺がn＝25の正方形の左上隅から、一辺が6(＝25－19)の小さめの正方形を取り除いた時にできる図形を指しています。素数和19＋31＝(25－6)＋(25＋6) ですから、脚はマイナス6とプラス6です。

　また、素数積 (25－6)(25＋6) は矩形の長短両辺の積、すなわち、山型図形の面積です。これが脚長6の最短脚素数和（積）に該当します。

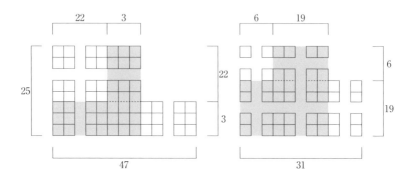

図解；2n＝50の最長脚素数和（積）と最短脚素数和（積）

■n＝26では三組の素数和（積）がある。

　n＝26の場合、(2n－5)＝47で素数です。つまり、2n＝52は5＋47という素数和を有しています。他に11＋41と23＋29という素数和もあります。ここでは一辺がn＝26の正方形を利用します。素数和5＋47は、正方形の中の山型図形の立ち上がり部分（巾5・高さ21）を回転させながら移動して、矩形に置き換えた時の長短両辺の和を意味しています。この山型図形とは、一辺がn＝26の正方形の左上隅から、一辺が21(＝26－5)の小さめの正方形を取り除いた時にできる図形を指しています。

　素数和5＋47＝(26－21)＋(26＋21)ですから、脚はマイナス21とプラス21です。また、素数積(26－21)(26＋21)は矩形の長短両辺の積、すなわち、山型図形の面積です。これが脚長21の最長脚素数和（積）に該当します。

　次の素数和11＋41については、図解を省略します。

　最後の素数和23＋29は、正方形の中の山型図形の立ち上がり部分（巾23・高さ3）を回転させながら移動して矩形に置き換えた時の長短両辺の和を意味しています。この山型図形とは、一辺がn＝26の正方形の左上隅から一辺が3(＝26－23)の小さめの正方形を取り除いた時にできる図形を指しています。素数和23＋29＝(26－3)＋(26＋3)ですから、脚はマイナス3とプラス3です。また、素数積(26－3)(26＋3)は矩形の長短両辺の積、すなわち、山型図形の面積です。これは脚長3の最短脚素数和（積）に該当します。

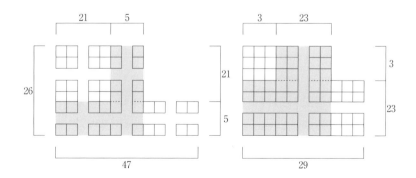

図解；2n＝52の最長脚素数和（積）と最短脚素数和（積）

■n＝27では五組の素数和（積）がある。

　n＝27の場合、(2n－7)＝47で素数です。つまり、2n＝54は7＋47という素数和を有しています。他に11＋43、13＋41、17＋37、および、23＋31という素数和もあります。ここでは一辺がn＝27の正方形を利用します。

　素数和7＋47は、正方形の中の山型図形の立ち上がり部分（巾7・高さ20）を回転させながら移動して、矩形に置き換えた時の長短両辺の和を意味しています。この山型図形とは、一辺がn＝27の正方形の左上隅から、一辺が20(＝27－7)の小さめの正方形を取り除いた時にできる図形を指しています。素数和7＋47＝(27－20)＋(27＋20)ですから、脚はマイナス20とプラス20です。また、素数積(27－20)(27＋20)は矩形の長短両辺の積、すなわち、山型図形の面積です。これが脚長20の最長脚素数和（積）に該当します。

　次の中三組の素数和については、図解を省略します。

　最後の素数和23＋31は、正方形の中の山型図形の立ち上がり部分（巾23・高さ4）を回転させながら移動して矩形に置き換えた時の長短両辺の和を意味しています。この山型図形とは、一辺がn＝27の正方形の左上隅から一辺が4(＝27－23)の小さめの正方形を取り除いた時にできる図形を指しています。素数和23＋31＝(27－4)＋(27＋4)ですから、脚はマイナス4とプラス4です。また、素数積(27－4)(27＋4)は矩形の長短両辺の積、すなわち、山型図形の面積です。これは脚長4の最短脚素数和（積）に該当します。

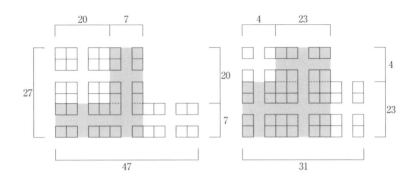

図解；2n＝54の最長脚素数和（積）と最短脚素数和（積）

■n=28では三組の素数和(積)がある。

n=28の場合、(2n-3)=53で素数です。つまり、2n=56は3+53という素数和を有しています。他に13+43と19+37という素数和もあります。ここでは一辺がn=28の正方形を利用します。

素数和3+53は、正方形の中の山型図形の立ち上がり部分(巾3・高さ25)を回転させながら移動して、矩形に置き換えた時の長短両辺の和を意味しています。この山型図形とは、一辺がn=28の正方形の左上隅から、一辺が25(=28-3)の小さめの正方形を取り除いた時にできる図形を指しています。素数和3+53=(28-25)+(28+25)ですから、脚はマイナス25とプラス25です。また、素数積(28-25)(28+25)は矩形の長短両辺の積、すなわち山型図形の面積です。これが脚長25の最長脚素数和(積)に該当します。

次の素数和13+43については、図解を省略します。

最後の素数和19+37は、正方形の中の山型図形の立ち上がり部分(巾19・高さ9)を回転させながら移動して矩形に置き換えた時の長短両辺の和を意味しています。この山型図形とは、一辺がn=28の正方形の左上隅から一辺が9(=28-19)の小さめの正方形を取り除いた時にできる図形を指しています。素数和19+37=(28-9)+(28+9)ですから、脚はマイナス9とプラス9です。また、素数積(28-9)(28+9)は矩形の長短両辺の積、すなわち、山型図形の面積です。これは脚長9の最短脚素数和(積)に該当します。

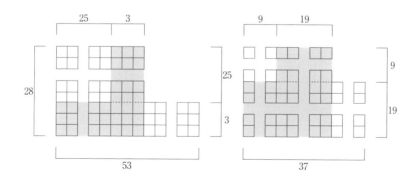

図解;2n=56の最長脚素数和(積)と最短脚素数和(積)

■n＝29では四組の素数和（積）がある。

　n＝29の場合、(2n－5)＝53で素数です。つまり、2n＝58は5＋53という素数和を有しています。他に11＋47と17＋41、および、29＋29の素数和があります。ここでは一辺がn＝29の正方形を利用します。

　素数和5＋53は、正方形の中の山型図形の立ち上がり部分（巾5・高さ24）を回転させながら移動して、矩形に置き換えた時の長短両辺の和を意味しています。この山型図形とは、一辺がn＝29の正方形の左上隅から、一辺が24（＝29－5）の小さめの正方形を取り除いた時にできる図形を指しています。

　素数和5＋53＝(29－24)＋(29＋24) ですから、脚はマイナス24とプラス24です。また、素数積 (29－24)(29＋24) は矩形の長短両辺の積、すなわち山型図形の面積です。これが脚長24の最長脚素数和（積）に該当します。

　次の素数和11＋47と17＋41については図解を省略し、最短脚素数和の説明に移ります。

　最後の素数和29＋29は、一辺がn＝29の正方形のタテヨコ両辺の和を意味しています。この素数和を (29－0)＋(29＋0) と書きかえれば、脚長は0であることが分かります。また、(29－0)(29＋0) が素数積で、正方形の面積を意味しています。そしてこれが最短脚素数和（積）に該当します。

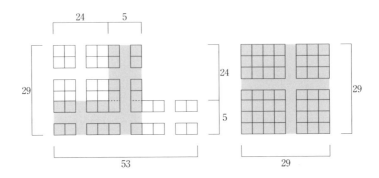

図解；2n＝58の最長脚素数和（積）と最短脚素数和（積）

■n＝30では六組の素数和（積）がある。

　n＝30の場合、(2n－7)＝53で素数です。つまり、2n＝60は7＋53という素数和を有しています。他に13＋47、17＋43、19＋41、23＋37、および、29＋31という素数和もあります。ここでは一辺がn＝30の正方形を利用します。素数和7＋53は、正方形の中の山型図形の立ち上がり部分（巾7・高さ23）を回転させながら移動して、矩形に置き換えた時の長短両辺の和を意味しています。この山型図形とは、一辺がn＝30の正方形の左上隅から、一辺が23(＝30－7)の小さめの正方形を取り除いた時にできる図形を指しています。素数和7＋53＝(30－23)＋(30＋23)ですから、脚はマイナス23とプラス23です。また、素数積(30－23)(30＋23)は矩形の長短両辺の積、すなわち、山型図形の面積です。これが脚長23の最長脚素数和（積）に該当します。

　次の中四組の素数和については、図解を省略します。

　最後の素数和29＋31は、正方形の中の山型図形の立ち上がり部分（巾29・高さ1）を回転させながら移動して矩形に置き換えた時の長短両辺の和を意味しています。この山型図形とは、一辺がn＝30の正方形の左上隅から一辺が29(＝30－1)の小さめの正方形を取り除いた時にできる図形を指しています。素数和29＋31＝(30－1)＋(30＋1)ですから、脚はマイナス1とプラス1です。また、素数積(30－1)(30＋1)は矩形の長短両辺の積、すなわち山型図形の面積です。これは脚長1の最短脚素数和（積）に該当します。

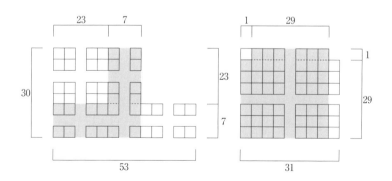

図解；2n＝60の最長脚素数和（積）と最短脚素数和（積）

■n＝31では三組の素数和（積）がある。

　n＝31の場合、(2n－3)＝59で素数です。つまり、2n＝62は3＋59という素数和を有しています。他に19＋43と31＋31の素数和があります。

　ここでは一辺がn＝31の正方形を利用します。素数和3＋59は、正方形の中の山型図形の立ち上がり部分（巾3・高さ28）を回転させながら移動して、矩形に置き換えた時の長短両辺の和を意味しています。この山型図形とは、一辺がn＝31の正方形の左上隅から、一辺が28(＝31－3)の小さめの正方形を取り除いた時にできる図形を指しています。

　素数和3＋59＝(31－28)＋(31＋28)ですから、脚はマイナス28とプラス28です。また、素数積(31－28)(31＋28)は矩形の長短両辺の積、すなわち、山型図形の面積です。これが脚長28の最長脚素数和（積）に該当します。

　次の素数和19＋43については図解を省略します。

　最後の素数和31＋31は、一辺がn＝31の正方形のタテヨコ両辺の和を意味しています。この素数和を(31－0)＋(31＋0)と書きかえれば、脚長は0であることが分かります。また、(31－0)(31＋0)が素数積で、正方形の面積を意味しています。そしてこれが最短脚素数和（積）に該当します。

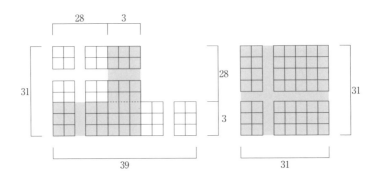

図解；2n＝62の最長脚素数和（積）と最短脚素数和（積）

■n＝32では五組の素数和（積）がある。

　n＝32の場合、(2n−3)＝61で素数です。つまり、2n＝64は3＋61という素数和を有しています。他に5＋59、11＋53、17＋47、および、23＋41という素数和もあります。ここでは一辺がn＝32の正方形を利用します。

　素数和3＋61は、正方形の中の山型図形の立ち上がり部分（巾3・高さ29）を回転させながら移動して、矩形に置き換えた時の長短両辺の和を意味しています。この山型図形とは、一辺がn＝32の正方形の左上隅から、一辺が29（＝32−3）の小さめの正方形を取り除いた時にできる図形を指しています。素数和3＋61＝(32−29)＋(32＋29)ですから、脚はマイナス29とプラス29です。また、素数積(32−29)(32＋29)は矩形の長短両辺の積、すなわち、山型図形の面積です。これが脚長29の最長脚素数和（積）に該当します。

　次の中三組の素数和については、図解を省略します。

　最後の素数和23＋41は、正方形の中の山型図形の立ち上がり部分（巾23・高さ9）を回転させながら移動して矩形に置き換えた時の長短両辺の和を意味しています。この山型図形とは、一辺がn＝32の正方形の左上隅から一辺が9（＝32−23）の小さめの正方形を取り除いた時にできる図形を指しています。素数和23＋41＝(32−9)＋(32＋9)ですから、脚はマイナス9とプラス9です。また、素数積(32−9)(32＋9)は矩形の長短両辺の積、すなわち、山型図形の面積です。これは脚長9の最短脚素数和（積）に該当します。

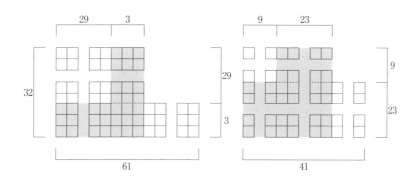

図解；2n＝64の最長脚素数和（積）と最短脚素数和（積）

■n＝33では六組の素数和（積）がある。

　n＝33の場合、(2n−5)＝61で素数です。つまり、2n＝66は5＋61という素数和を有しています。他に7＋59、13＋53、19＋47、23＋43、および、29＋37という素数和もあります。ここでは一辺がn＝33の正方形を利用します。素数和5＋61は、正方形の中の山型図形の立ち上がり部分（巾5・高さ28）を回転させながら移動して、矩形に置き換えた時の長短両辺の和を意味しています。この山型図形とは、一辺がn＝33の正方形の左上隅から、一辺が28(＝33−5)の小さめの正方形を取り除いた時にできる図形を指しています。

　素数和5＋61＝(33−28)＋(33＋28)ですから、脚はマイナス28とプラス28です。また、素数積(33−28)(33＋28)は矩形の長短両辺の積、すなわち、山型図形の面積です。これが脚長28の最長脚素数和（積）に該当します。

　次の中四組の素数和については、図解を省略します。

　最後の素数和29＋37は、正方形の中の山型図形の立ち上がり部分（巾29・高さ4）を回転させながら移動して矩形に置き換えた時の長短両辺の和を意味しています。この山型図形とは、一辺がn＝33の正方形の左上隅から一辺が4(＝33−29)の小さめの正方形を取り除いた時にできる図形を指しています。素数和29＋37＝(33−4)＋(33＋4)ですから、脚はマイナス4とプラス4です。また、素数積(33−4)(33＋4)は矩形の長短両辺の積、すなわち、山型図形の面積です。これは脚長4の最短脚素数和（積）に該当します。

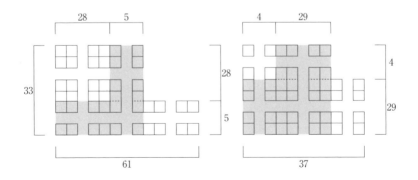

図解；2n＝66の最長脚素数和（積）と最短脚素数和（積）

■n＝34では二組の素数和（積）しかない。

　n＝34の場合、（2n－7）＝61で素数です。つまり、2n＝68は7＋61という素数和を有しています。他にもう一組31＋37という素数和があります。

　ここでは一辺がn＝34の正方形を利用します。素数和7＋61は、正方形の中の山型図形の立ち上がり部分（巾7・高さ27）を回転させながら移動して、矩形に置き換えた時の長短両辺の和を意味しています。この山型図形とは、一辺がn＝34の正方形の左上隅から、一辺が27（＝34－7）の小さめの正方形を取り除いた時にできる図形を指しています。素数和7＋61＝（34－27）＋（34＋27）ですから、脚はマイナス27とプラス27です。また、素数積（34－27）（34＋27）は矩形の長短両辺の積、すなわち山型図形の面積です。これが脚長27の最長脚素数和に該当します。

　もう一組の素数和31＋37は、正方形の中の山型図形の立ち上がり部分（巾31・高さ3）を回転させながら移動して矩形に置き換えた時の長短両辺の和を意味しています。この山型図形とは、一辺がn＝34の正方形の左上隅から一辺が3（＝34－31）の小さめの正方形を取り除いた時にできる図形を指しています。素数和31＋37＝（34－3）＋（34＋3）ですから、脚はマイナス3とプラス3です。また、素数積（34－3）（34＋3）は矩形の長短両辺の積、すなわち、山型図形の面積です。これは脚長3の最短脚素数和（積）に該当します。

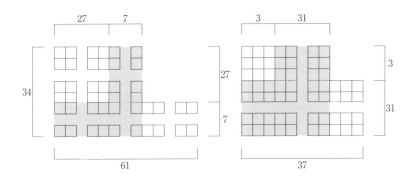

図解；2n＝68の最長脚素数和（積）と最短脚素数和（積）

■n＝35では五組の素数和（積）がある。

　n＝35の場合、(2n−3)＝67で素数です。つまり、2n＝70は3＋67という素数和を有しています。他に11＋59、17＋53、23＋47、および、29＋41という素数和もあります。ここでは一辺がn＝35の正方形を利用します。

　素数和3＋67は、正方形の中の山型図形の立ち上がり部分(巾3・高さ32)を回転させながら移動して、矩形に置き換えた時の長短両辺の和を意味しています。この山型図形とは、一辺がn＝35の正方形の左上隅から、一辺が32(＝35−3)の小さめの正方形を取り除いた時にできる図形を指しています。素数和3＋67＝(35−32)＋(35＋32)ですから、脚はマイナス32とプラス32です。また、素数積(35−32)(35＋32)は矩形の長短両辺の積、すなわち、山型図形の面積です。これが脚長32の最長脚素数和（積）に該当します。

　次の中三組の素数和については、図解を省略します。

　最後の素数和29＋41は、正方形の中の山型図形の立ち上がり部分（巾29・高さ6）を回転させながら移動して矩形に置き換えた時の長短両辺の和を意味しています。この山型図形とは、一辺がn＝35の正方形の左上隅から一辺が6(＝35−29)の小さめの正方形を取り除いた時にできる図形を指しています。素数和29＋41＝(35−6)＋(35＋6)ですから、脚はマイナス6とプラス6です。また、素数積(35−6)(35＋6)は矩形の長短両辺の積、すなわち、山型図形の面積です。これは脚長6の最短脚素数和（積）に該当します。

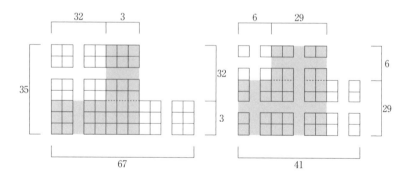

図解；2n＝70の最長脚素数和（積）と最短脚素数和（積）

■n＝36では六組の素数和（積）がある。

　n＝36の場合、(2n−5)＝67で素数です。つまり、2n＝72は5＋67という素数和を有しています。他に11＋61、13＋59、19＋53、29＋43、および、31＋41という素数和もあります。ここでは一辺がn＝36の正方形を利用します。素数和5＋67は、正方形の中の山型図形の立ち上がり部分（巾5・高さ31）を回転させながら移動して、矩形に置き換えた時の長短両辺の和を意味しています。この山型図形とは、一辺がn＝36の正方形の左上隅から、一辺が31(＝36−5)の小さめの正方形を取り除いた時にできる図形を指しています。素数和5＋67＝(36−31)＋(36＋31)ですから、脚はマイナス31とプラス31です。また、素数積(36−31)(36＋31)は矩形の長短両辺の積、すなわち、山型図形の面積です。これが脚長31の最長脚素数和（積）に該当します。

　次の中四組の素数和については、図解を省略します。

　最後の素数和31＋41は、正方形の中の山型図形の立ち上がり部分（巾31・高さ5）を回転させながら移動して矩形に置き換えた時の長短両辺の和を意味しています。この山型図形とは、一辺がn＝36の正方形の左上隅から一辺が5(＝36−31)の小さめの正方形を取り除いた時にできる図形を指しています。素数和31＋41＝(36−5)＋(36＋5)ですから、脚はマイナス5とプラス5です。また、素数積(36−5)(36＋5)は矩形の長短両辺の積、すなわち、山型図形の面積です。これは脚長5の最短脚素数和（積）に該当します。

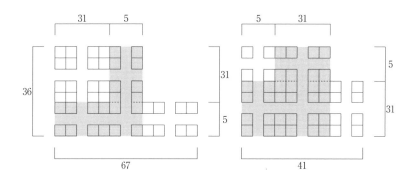

図解；2n＝72の最長脚素数和（積）と最短脚素数和（積）

■n=37では五組の素数和（積）がある。

　n＝37の場合、(2n−3)＝71で素数です。つまり、2n＝74は3＋71という素数和を有しています。他に7＋67、13＋61、31＋43、および、37＋37の素数和があります。ここでは一辺がn＝37の正方形を利用します。

　素数和3＋71は、正方形の中の山型図形の立ち上がり部分（巾3・高さ34）を回転させながら移動して、矩形に置き換えた時の長短両辺の和を意味しています。この山型図形とは、一辺がn＝37の正方形の左上隅から、一辺が34（＝37−3）の小さめの正方形を取り除いた時にできる図形を指しています。

　素数和3＋71＝(37−34)＋(37＋34) ですから、脚はマイナス34とプラス34です。また、素数積 (37−34)(37＋34) は矩形の長短両辺の積、すなわち、山型図形の面積です。これが脚長34の最長脚素数和（積）に該当します。

　次の中三組の素数和については図解を省略します。

　最後の素数和37＋37は、一辺がn＝37の正方形のタテヨコ両辺の和を意味しています。この素数和を (37−0)＋(37＋0) と書きかえれば、脚長は0であることが分かります。また、(37−0)(37＋0) が素数積で、正方形の面積を意味しています。そしてこれが最短脚素数和（積）に該当します。

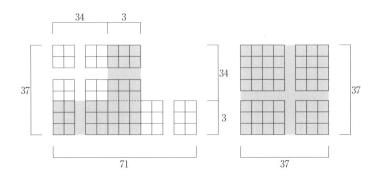

図解；2n＝74の最長脚素数和（積）と最短脚素数和（積）

■n＝38では五組の素数和（積）がある。

　n＝38の場合、(2n－3)＝73で素数です。つまり、2n＝76は3＋73という素数和を有しています。他に5＋71、17＋59、23＋53、および、29＋47という素数和もあります。ここでは一辺がn＝38の正方形を利用します。

　素数和3＋73は、正方形の中の山型図形の立ち上がり部分(巾3・高さ35)を回転させながら移動して、矩形に置き換えた時の長短両辺の和を意味しています。この山型図形とは、一辺がn＝38の正方形の左上隅から、一辺が35(＝38－3)の小さめの正方形を取り除いた時にできる図形を指しています。素数和3＋73＝(38－35)＋(38＋35)ですから、脚はマイナス35とプラス35です。また、素数積(38－35)(38＋35)は矩形の長短両辺の積、すなわち山型図形の面積です。これが脚長35の最長脚素数和（積）に該当します。

　次の中三組の素数和については、図解を省略します。

　最後の素数和29＋47は、正方形の中の山型図形の立ち上がり部分(巾29・高さ9)を回転させながら移動して矩形に置き換えた時の長短両辺の和を意味しています。この山型図形とは、一辺がn＝38の正方形の左上隅から一辺が9(＝38－29)の小さめの正方形を取り除いた時にできる図形を指しています。素数和29＋47＝(38－9)＋(38＋9)ですから、脚はマイナス9とプラス9です。また、素数積(38－9)(38＋9)は矩形の長短両辺の積、すなわち、山型図形の面積です。これは脚長9の最短脚素数和（積）に該当します。

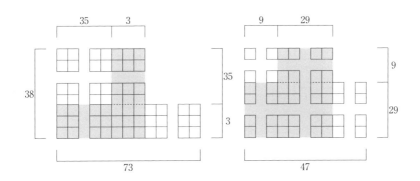

図解；2n＝76の最長脚素数和（積）と最短脚素数和（積）

■n＝39では七組の素数和（積）がある。

　n＝39の場合、(2n−5)＝73で素数です。つまり、2n＝78は5＋73という素数和を有しています。他に7＋71、11＋67、17＋61、19＋59、31＋47、および、37＋41という素数和もあります。ここでは一辺がn＝39の正方形を利用します。素数和5＋73は、正方形の中の山型図形の立ち上がり部分（巾5・高さ34）を回転させながら移動して、矩形に置き換えた時の長短両辺の和を意味しています。この山型図形とは、一辺がn＝39の正方形の左上隅から、一辺が34(＝39−5)の小さめの正方形を取り除いた時にできる図形を指しています。素数和5＋73＝(39−34)＋(39＋34)ですから、脚はマイナス34とプラス34です。また、素数積(39−34)(39＋34)は矩形の長短両辺の積、すなわち、山型図形の面積です。これが脚長34の最長脚素数和（積）に該当します。

　次の中五組の素数和については、図解を省略します。

　最後の素数和37＋41は、正方形の中の山型図形の立ち上がり部分（巾37・高さ2）を回転させながら移動して矩形に置き換えた時の長短両辺の和を意味しています。この山型図形とは、一辺がn＝39の正方形の左上隅から一辺が2(＝39−37)の小さめの正方形を取り除いた時にできる図形を指しています。素数和37＋41＝(39−2)＋(39＋2)ですから、脚はマイナス2とプラス2です。また、素数積(39−2)(39＋2)は矩形の長短両辺の積、すなわち、山型図形の面積です。これは脚長2の最短脚素数和（積）に該当します。

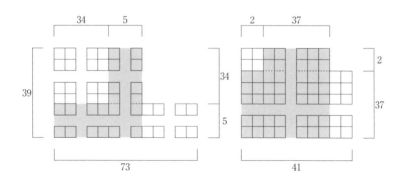

図解；2n＝78の最長脚素数和（積）と最短脚素数和（積）

■n＝40では四組の素数和（積）がある。

　n＝40の場合、(2n−7)＝73で素数です。つまり、2n＝80は7＋73という素数和を有しています。他に13＋67、19＋61、および、37＋43という素数和もあります。ここでは一辺がn＝40の正方形を利用します。

　素数和7＋73は、正方形の中の山型図形の立ち上がり部分（巾7・高さ33）を回転させながら移動して、矩形に置き換えた時の長短両辺の和を意味しています。この山型図形とは一辺がn＝40の正方形の左上隅から、一辺が、33（＝40−7）の小さめの正方形を取り除いた時にできる図形を指しています。素数和7＋73＝(40−33)＋(40＋33)ですから、脚はマイナス33とプラス33です。また、素数積(40−33)(40＋33)は矩形の長短両辺の積、すなわち山型図形の面積です。これが脚長33の最長脚素数和（積）に該当します。

　次の中二組の素数和については、図解を省略します。

　最後の素数和37＋43は、正方形の中の山型図形の立ち上がり部分（巾37・高さ3）を回転させながら移動して矩形に置き換えた時の長短両辺の和を意味しています。この山型図形とは、一辺がn＝40の正方形の左上隅から一辺が3（＝40−37）の小さめの正方形を取り除いた時にできる図形を指しています。素数和37＋43＝(40−3)＋(40＋3)ですから、脚はマイナス3とプラス3です。また、素数積(40−3)(40＋3)は矩形の長短両辺の積、すなわち、山型図形の面積です。これは脚長3の最短脚素数和（積）に該当します。

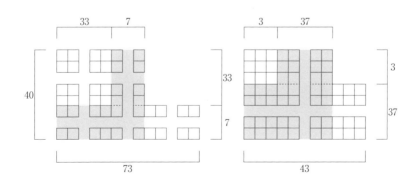

図解；2n＝80の最長脚素数和（積）と最短脚素数和（積）

■n＝41では五組の素数和（積）がある。

　n＝41の場合、(2n−3)＝79で素数です。つまり、2n＝82は3＋79という素数和を有しています。他に11＋71と23＋59と29＋53および41＋41の素数和があります。ここでは一辺がn＝41の正方形を利用します。

　素数和3＋79は、正方形の中の山型図形の立ち上がり部分(巾3・高さ38)を回転させながら移動して、矩形に置き換えた時の長短両辺の和を意味しています。この山型図形とは、一辺がn＝41の正方形の左上隅から、一辺が38(＝41−3)の小さめの正方形を取り除いた時にできる図形を指しています。

　素数和3＋79＝(41−38)＋(41＋38)ですから、脚はマイナス38とプラス38です。また、素数積(41−38)(41＋38)は矩形の長短両辺の積、すなわち、山型図形の面積です。これが脚長38の最長脚素数和（積）に該当します。

　次の中三組の素数和については図解を省略します。

　最後の素数和41＋41は、一辺がn＝41の正方形のタテヨコ両辺の和を意味しています。この素数和を (41−0)＋(41＋0) と書きかえれば、脚長は0であることが分かります。また、(41−0)(41＋0) が素数積で、正方形の面積を意味しています。そしてこれが最短脚素数和（積）に該当します。

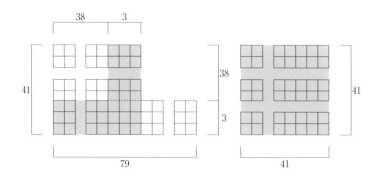

図解；2n＝82の最長脚素数和（積）と最短脚素数和（積）

■n＝42では八組の素数和（積）がある。

　n＝42の場合、(2n−5)＝79で素数です。つまり、2n＝84は5＋79という素数和を有しています。他に11＋73、13＋71、17＋67、23＋61、31＋53、37＋47、および、41＋43という素数和もあります。ここでは、一辺がn＝42の正方形を利用します。素数和5＋79は、正方形の中の山型図形の立ち上がり部分（巾5・高さ37）を回転させながら移動して、矩形に置き換えた時の長短両辺の和を意味しています。この山型図形とは、一辺がn＝42の正方形の左上隅から、一辺が37（＝42−5）の小さめの正方形を取り除いた時にできる図形を指しています。素数和5＋79＝(42−37)＋(42＋37)ですから、脚はマイナス37とプラス37です。

　また、素数積(42−37)(42＋37)は矩形の長短両辺の積、すなわち、山型図形の面積です。これが脚長37の最長脚素数和（積）に該当します。

　次の中六組の素数和については、図解を省略します。

　最後の素数和41＋43は、正方形の中の山型図形の立ち上がり部分（巾41・高さ1）を回転させながら移動して矩形に置き換えた時の長短両辺の和を意味しています。この山型図形とは、一辺がn＝42の正方形の左上隅から一辺が1（＝42−41）の小さめの正方形を取り除いた時にできる図形を指しています。素数和41＋43＝(42−1)＋(42＋1)ですから、脚はマイナス1とプラス1です。また、素数積(42−1)(42＋1)は矩形の長短両辺の積、すなわち、山型図形の面積です。

　これは脚長1の最短脚素数和（積）に該当します。

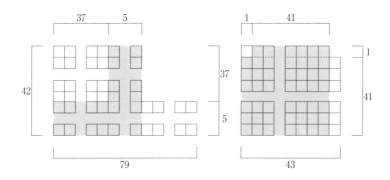

図解；2n＝84の最長脚素数和（積）と最短脚素数和（積）

■n＝43では五組の素数和（積）がある。

　n＝43の場合、(2n－3)＝83で素数です。つまり、2n＝86は3＋83という素数和を有しています。他に7＋79と13＋73と19＋67および43＋43の素数和があります。ここでは一辺がn＝43の正方形を利用します。

　素数和3＋83は、正方形の中の山型図形の立ち上がり部分（巾3・高さ40）を回転させながら移動して、矩形に置き換えた時の長短両辺の和を意味しています。この山型図形とは、一辺がn＝43の正方形の左上隅から、一辺が40(＝43－3)の小さめの正方形を取り除いた時にできる図形を指しています。素数和3＋83＝(43－40)＋(43＋40)ですから、脚はマイナス40とプラス40です。また、素数積(43－40)(43＋40)は矩形の長短両辺の積、すなわち、山型図形の面積です。これが脚長40の最長脚素数和（積）に該当します。

　次の中三組の素数和については図解を省略します。

　最後の素数和43＋43は、一辺がn＝43の正方形のタテヨコ両辺の和を意味しています。この素数和を(43－0)＋(43＋0)と書きかえれば、脚長は0であることが分かります。また、(43－0)(43＋0)が素数積で、正方形の面積を意味しています。そしてこれが最短脚素数和（積）に該当します。

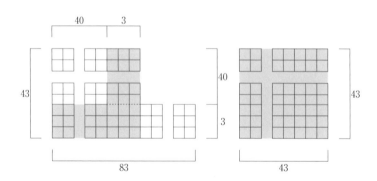

図解；2n＝86の最長脚素数和（積）と最短脚素数和（積）

■n=44では四組の素数和（積）がある。

　n=44の場合、(2n-5)=83で素数です。つまり、2n=88は5+83という素数和を有しています。他に17+71、29+59、および、41+47という素数和もあります。ここでは一辺がn=44の正方形を利用します。

　素数和5+83は、正方形の中の山型図形の立ち上がり部分(巾5・高さ39)を回転させながら移動して、矩形に置き換えた時の長短両辺の和を意味しています。この山型図形とは、一辺がn=44の正方形の左上隅から、一辺が39(=44-5)の小さめの正方形を取り除いた時にできる図形を指しています。素数和5+83=(44-39)+(44+39)ですから、脚はマイナス39とプラス39です。また、素数積(44-39)(44+39)は矩形の長短両辺の積、すなわち山型図形の面積です。これが脚長39の最長脚素数和（積）に該当します。

　次の中二組の素数和については、図解を省略します。

　最後の素数和41+47は、正方形の中の山型図形の立ち上がり部分(巾41・高さ3)を回転させながら移動して矩形に置き換えた時の長短両辺の和を意味しています。この山型図形とは、一辺がn=44の正方形の左上隅から一辺が3(=44-41)の小さめの正方形を取り除いた時にできる図形を指しています。素数和41+47=(44-3)+(44+3)ですから、脚はマイナス3とプラス3です。また、素数積(44-3)(44+3)は矩形の長短両辺の積、すなわち山型図形の面積です。これは脚長3の最短脚素数和（積）に該当します。

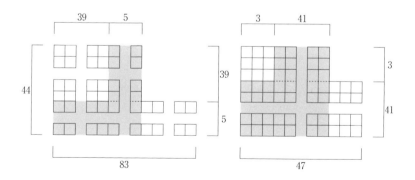

図解；2n=88の最長脚素数和（積）と最短脚素数和（積）

■n＝45では九組の素数和（積）がある。

　n＝45の場合、(2n−7)＝83で素数です。つまり、2n＝90は7＋83という素数和を有しています。他に11＋79、17＋73、19＋71、23＋67、29＋61、31＋59、37＋53、および、43＋47という素数和もあります。

　ここでは、一辺がn＝45の正方形を利用します。素数和7＋83は、正方形の中の山型図形の立ち上がり部分（巾7・高さ38）を回転させながら移動して、矩形に置き換えた時の長短両辺の和を意味しています。この山型図形とは、一辺がn＝45の正方形の左上隅から、一辺が38（＝45−7）の小さめの正方形を取り除いた時にできる図形を指しています。

　素数和7＋83＝(45−38)＋(45＋38)ですから、脚はマイナス38とプラス38です。また、素数積(45−38)(45＋38)は矩形の長短両辺の積、すなわち、山型図形の面積です。これが脚長37の最長脚素数和（積）に該当します。

　次の中七組の素数和については、図解を省略します。

　最後の素数和43＋47は、正方形の中の山型図形の立ち上がり部分（巾43・高さ2）を回転させながら移動して矩形に置き換えた時の長短両辺の和を意味しています。この山型図形とは、一辺がn＝45の正方形の左上隅から一辺が2（＝45−43）の小さめの正方形を取り除いた時にできる図形を指しています。素数和43＋47＝(45−2)＋(45＋2)ですから、脚はマイナス2とプラス2です。また、素数積(45−2)(45＋2)は矩形の長短両辺の積、すなわち、山型図形の面積です。これは脚長2の最短脚素数和（積）に該当します。

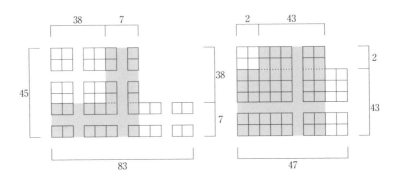

図解；2n＝90の最長脚素数和（積）と最短脚素数和（積）

■n＝46では四組の素数和（積）がある。

　n＝46の場合、(2n－3)＝89で素数です。つまり、2n＝92は3＋89という素数和を有しています。他に13＋79、19＋73、31＋61という素数和もあります。ここでは一辺がn＝46の正方形を利用します。素数和3＋89は、正方形の中の山型図形の立ち上がり部分（巾3・高さ43）を回転させながら移動して、矩形に置き換えた時の長短両辺の和を意味しています。この山型図形とは、一辺がn＝46の正方形の左上隅から、一辺が43(＝46－3)の小さめの正方形を取り除いた時にできる図形を指しています。

　素数和3＋89＝(46－43)＋(46＋43)ですから、脚はマイナス43とプラス43です。また、素数積(46－43)(46＋43)は矩形の長短両辺の積、すなわち、山型図形の面積です。これが脚長43の最長脚素数和（積）に該当します。

　次の中二組の素数和については、図解を省略します。

　最後の素数和31＋61は、正方形の中の山型図形の立ち上がり部分（巾31・高さ15）を回転させながら移動して矩形に置き換えた時の長短両辺の和を意味しています。この山型図形とは、一辺がn＝46の正方形の左上隅から一辺が15(＝46－31)の小さめの正方形を取り除いた時にできる図形を指しています。素数和31＋61＝(46－15)＋(46＋15)ですから、脚はマイナス15とプラス15です。また、素数積(46－15)(46＋15)は、矩形の長短両辺の積すなわち山型図形の面積です。これは脚長15の最短脚素数和（積）に該当します。

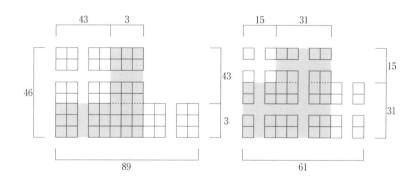

図解；2n＝92の最長脚素数和（積）と最短脚素数和（積）

■n＝47では五組の素数和がある。

　n＝47の場合、(2n－5)＝89で素数です。つまり、2n＝94は5＋89という素数和を有しています。他に11＋83と23＋71と41＋53および47＋47の素数和があります。ここでは一辺がn＝47の正方形を利用します。

　素数和5＋89は、正方形の中の山型図形の立ち上がり部分（巾5・高さ42）を回転させながら移動して、矩形に置き換えた時の長短両辺の和を意味しています。この山型図形とは、一辺がn＝47の正方形の左上隅から、一辺が42(＝47－5)の小さめの正方形を取り除いた時にできる図形を指しています。素数和5＋89＝(47－42)＋(47＋42)ですから、脚はマイナス42とプラス42です。また、素数積(47－42)(47＋42)は矩形の長短両辺の積、すなわち山型図形の面積です。これが脚長42の最長脚素数和（積）に該当します。

　次の中三組の素数和については図解を省略します。

　最後の素数和47＋47は、一辺がn＝47の正方形のタテヨコ両辺の和を意味しています。この素数和を(47－0)＋(47＋0)と書きかえれば、脚長は0であることが分かります。また、(47－0)(47＋0)が素数積で、正方形の面積を意味しています。そしてこれが最短脚素数和（積）に該当します。

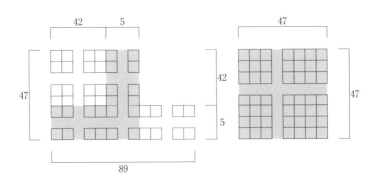

図解；2n＝94の最長脚素数和（積）と最短脚素数和（積）

■n＝48では七組の素数和（積）がある。

　n＝48の場合、(2n−7)＝89で素数です。つまり、2n＝96は7＋89という素数和を有しています。他に13＋83、17＋79、23＋73、29＋67、37＋59、および、43＋53という素数和もあります。

　ここでは一辺がn＝48の正方形を利用します。素数和7＋89は、正方形の中の山型図形の立ち上がり部分（巾7・高さ41）を回転させながら移動して矩形に置き換えた時の長短両辺の和を意味しています。この山型図形とは、一辺がn＝48の正方形の左上隅から、一辺が41（＝48−7）の小さめの正方形を取り除いた時にできる図形を指しています。

　素数和7＋89＝(48−41)＋(48＋41)ですから、脚はマイナス41とプラス41です。また、素数積(48−41)(48＋41)は矩形の長短両辺の積、すなわち山型図形の面積です。これが脚長41の最長脚素数和（積）に該当します。次の中五組の素数和については、図解を省略します。

　最後の素数和43＋53は、正方形の中の山型図形の立ち上がり部分（巾43・高さ5）を回転させながら移動して矩形に置き換えた時の長短両辺の和を意味しています。この山型図形とは、一辺がn＝48の正方形の左上隅から一辺が5(＝48−43)の小さめの正方形を取り除いた時にできる図形を指しています。素数和43＋53＝(48−5)＋(48＋5)ですから、脚はマイナス5とプラス5です。また、素数積(48−5)(48＋5)は矩形の長短両辺の積、すなわち、山型図形の面積です。これは脚長5の最短脚素数和（積）に該当します。

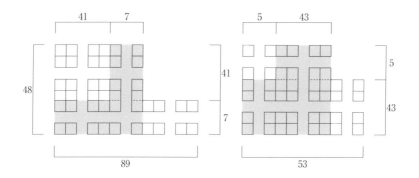

図解；2n＝96の最長脚素数和（積）と最短脚素数和（積）

■n＝49では三組の素数和（積）しかない。

　n＝49の場合、(2n−19)＝79で素数です。つまり、2n＝98は19＋79という素数和を有しています。他に31＋67と37＋61という素数和があります。

　ここでは一辺がn＝49の正方形を利用します。素数和19＋79は、正方形の中の山型図形の立ち上がり部分（巾19・高さ30）を回転させながら移動して、矩形に置き換えた時の長短両辺の和を意味しています。この山型図形とは、一辺がn＝49の正方形の左上隅から、一辺が30(＝49−19)の小さめの正方形を取り除いた時にできる図形を指しています。素数和19＋79＝(49−30)＋(49＋30)ですから、脚はマイナス30とプラス30です。また、素数積(49−30)(49＋30)は矩形の長短両辺の積、すなわち山型図形の面積です。これが脚長30の最長脚素数和（積）に該当します。

　次の中一組の素数和については、図解を省略します。

　最後の素数和37＋61は、正方形の中の山型図形の立ち上がり部分（巾37・高さ12）を回転させながら移動して矩形に置き換えた時の長短両辺の和を意味しています。この山型図形とは、一辺がn＝49の正方形の左上隅から一辺が12(＝49−37)の小さめの正方形を取り除いた時にできる図形を指しています。素数和37＋61＝(49−12)＋(49＋12)ですから、脚はマイナス12とプラス12です。また、素数積(49−12)(49＋12)は、矩形の長短両辺の積すなわち、山型図形の面積です。これは脚長12の最短脚素数和（積）に該当します。

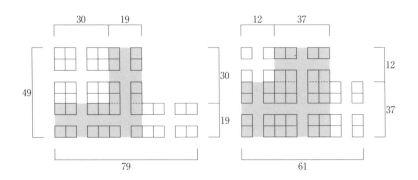

図解；2n＝98の最長脚素数和（積）と最短脚素数和（積）

■n＝50では六組の素数和（積）がある。

　n＝50の場合、(2n−3)＝97で素数です。つまり、2n＝100は3＋97という素数和を有しています。他に、11＋89、17＋83、29＋71、41＋59、および、47＋53、という素数和があります。

　ここでは、一辺がn＝50の正方形を利用します。素数和3＋97は、正方形の中の山型図形の立ち上がり部分（巾3・高さ47）を回転させながら移動して、矩形に置き換えた時の長短両辺の和を意味しています。この山型図形とは、一辺がn＝50の正方形の左上隅から、一辺が47（＝50−3）の小さめの正方形を取り除いた時にできる図形を指しています。

　素数和3＋97＝(50−47)＋(50＋47)ですから、脚はマイナス47とプラス47です。また、素数積(50−47)(50＋47)は矩形の長短両辺の積、すなわち山型図形の面積です。これが脚長47の最長脚素数和（積）に該当します。

　次の中四組の素数和については、図解を省略します。

　最後の素数和47＋53は、正方形の中の山型図形の立ち上がり部分（巾47・高さ3）を回転させながら移動して矩形に置き換えた時の長短両辺の和を意味しています。この山型図形とは、一辺がn＝50の正方形の左上隅から一辺が3（＝50−47）の小さめの正方形を取り除いた時にできる図形を指しています。素数和47＋53＝(50−3)＋(50＋3)ですから、脚はマイナス3とプラス3です。また、素数積(50−3)(50＋3)は矩形の長短両辺の積、すなわち、山型図形の面積です。これは脚長3の最短脚素数和（積）に該当します。

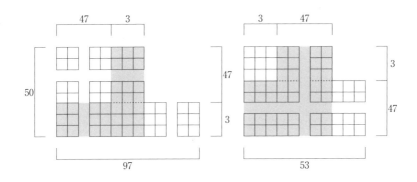

図解；2n＝100の最長脚素数和（積）と最短脚素数和（積）

■n=51では八組の素数和（積）がある。

　n＝51の場合、(2n－5)＝97で素数です。つまり、2n＝102は5＋97という素数和を有しています。他に、13＋89、19＋83、23＋79、29＋73、31＋71、41＋61および、43＋59という素数和があります。

　ここでは、一辺がn＝51の正方形を利用します。素数和5＋97は、正方形の中の山型図形の立ち上がり部分（巾5・高さ46）を回転させながら移動して、矩形に置き換えた時の長短両辺の和を意味しています。この山型図形とは、一辺がn＝51の正方形の左上隅から、一辺が46(＝51－5)の小さめの正方形を取り除いた時にできる図形を指しています。素数和5＋97＝(51－46)＋(51＋46)ですから、脚はマイナス46とプラス46です。また、素数積(51－46)(51＋46)は矩形の長短両辺の積、すなわち山型図形の面積です。これが脚長46の最長脚素数和（積）に該当します。

　次の中六組の素数和については、図解を省略します。

　最後の素数和43＋59は、正方形の中の山型図形の立ち上がり部分（巾43・高さ8）を回転させながら移動して矩形に置き換えた時の長短両辺の和を意味しています。この山型図形とは、一辺がn＝51の正方形の左上隅から一辺が8(＝51－43)の小さめの正方形を取り除いた時にできる図形を指しています。素数和43＋59＝(51－8)＋(51＋8)ですから、脚はマイナス8とプラス8です。また、素数積(51－8)(51＋8)は矩形の長短両辺の積すなわち山型図形の面積です。これは脚長8の最短脚素数和（積）に該当します。

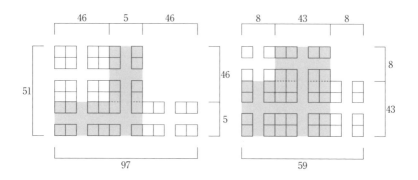

図解；2n＝102の最長脚素数和（積）と最短脚素数和（積）

■n＝52では五組の素数和（積）がある。

　n＝52の場合、(2n－3)＝101で素数です。つまり、2n＝104は3＋101という素数和を有しています。他に、7＋97、31＋73、37＋67および、43＋61という素数和があります。

　ここでは、一辺がn＝52の正方形を利用します。素数和3＋101は、正方形の中の山型図形の立ち上がり部分（巾3・高さ49）を回転させながら移動して、矩形に置き換えた時の長短両辺の和を意味しています。この山型図形とは、一辺がn＝52の正方形の左上隅から、一辺が49(＝52－3)の小さめの正方形を取り除いた時にできる図形を指しています。

　素数和3＋101＝(52－49)＋(52＋49)ですから、脚はマイナス49とプラス49です。また、素数積(52－49)(52＋49)は矩形の長短両辺の積、すなわち、山型図形の面積です。これが脚長49の最長脚素数和（積）に該当します。次の中三組の素数和については、図解を省略します。

　最後の素数和43＋61は、正方形の中の山型図形の立ち上がり部分（巾43・高さ9）を回転させながら移動して矩形に置き換えた時の長短両辺の和を意味しています。この山型図形とは、一辺がn＝52の正方形の左上隅から一辺が9(＝52－43)の小さめの正方形を取り除いた時にできる図形を指しています。素数和43＋61＝(52－9)＋(52＋9)ですから、脚はマイナス9とプラス9です。また、素数積(52－9)(52＋9)は矩形の長短両辺の積、すなわち、山型図形の面積です。これは脚長9の最短脚素数和（積）に該当します。

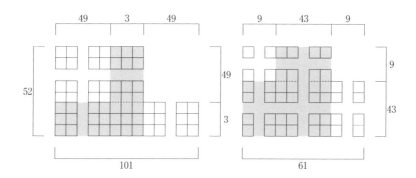

図解；2n＝104の最長脚素数和（積）と最短脚素数和（積）

玉手箱その2
素数お宝表

■ 『素数お宝表』の効用

　前項では、n＝3からn＝52までの自然数について、2nに含まれる素数和、および、それと素数積との関係を分かり易く図解しました。nの値が大きくなるにつれてこの対をなす二つの素数の組み合わせの数も段々増えていく傾向にあります。

　さて、ゴールドバッハ予想はあくまでも素数和について指摘されたものですが、これまでの図解で明らかなように、素数和におけるプラス記号を掛け算の記号（・）に置き換えれば、そのままで素数積が求まります。つまり、ゴールドバッハ予想は素数和のみならず素数積にも当てはまることが分かりました。これは素晴らしい第一の発見です。

　本来なら、もっと多くのnについて2nに含まれる二つの素数の組み合わせパターンのすべてを抽出して図解したいところですが、情報量が多すぎて煩雑となり、かえって理解を妨げかねません。

　そこで、前の章で行った各々の図解の左端に出てくる素数和と素数積、および図解の右端に出てくる素数和と素数積のみを抽出して一覧表示しています。ただし上述の通り、素数積は素数和におけるプラス記号を掛け算の記号（・）に置き換えれば成立するので、煩雑さを避ける意味で表からいったん削除しました。

　この素数和一覧表は、素数の仕組みを理解する上ですこぶる役に立つので、「素数お宝表」と名付けました。どのように素数のお宝が詰まっているか、楽しみにしてください。

「素数お宝表」の枠組みは以下の通りです。

　第一に、n＝3〜132、すなわち、複数の2n＝6〜264までを取り上げました。

　第二に、最初（左端）に出てくるパターンを最長脚素数和、最後（右端）に出てくるパターンを最短脚素数和と呼ぶことにします。なぜなら、前者は山型図形の帯巾が最も狭い、すなわち「脚（あし）」が最も長い場合に該当しているからであり、また後者は帯巾が最も広い、すなわち脚が最も短い場合に該当しているからです。ただし、脚が最短の0の場合は、山型図形ではなく正方形そのものであることに要注意です。

第三に、表中（ ）で示した組数とは、対をなす二つの素数の組み合わせパターンの数を指しています。この組数は2n＝240の時18組あり表中最多例です。また、2n＝6, 8, 12の場合のように組数が一つしかない場合は、それが最長脚素数和と最短脚素数和の両方を兼ねていると見なします。

　それではこのお宝表から、「素数の仕組み」が分かる素敵な情報を取り出すことにしましょう。

■最長脚素数和（積）に潜む法則性

　すべての自然数nの複数2nは必ず1対以上の素数和を有しています。（ゴールドバッハ予想）この素数和の数、すなわち組数は、nが大きくなるにつれて、どんどん増えていく傾向にあります。

　図解例で見たように、これらの素数和を横一列に並べた時、左端に最長脚素数和を置けば右端には最短脚素数和が来ます。例えば、2n＝120の場合、左端には7＋113、右端59＋61が入ります。ちなみに、この場合の素数和の組数はこの二組の他に十組もあります。

　そこで改めて「素数お宝表」を覗くと、これらの両端値にはそれぞれ明らかな法則性が潜んでいることに気づきます。その法則性を、まず左端に位置する最長脚素数和から確かめてみます。

　ちなみに、『素数お宝表』で最長脚素数積と最短脚素数積の記載を省略しています。それは、素数和におけるプラス記号（＋）を掛け算記号（・）に置き換えるだけで素数積が容易に求まることと、脚長が素数和でも素数積でも共通であることに由ります。

1）2n－3が最初に素数となるnを抽出

例えば、n＝10であれば、2n－3＝17で素数です。このようなnを「お宝表」から拾い出せば、以下の通り54通りあります。

n；3, 4, 5, 7, 8, 10, 11, 13, 16, 17, 20, 22, 23, 25, 28, 31, 32, 35, 37, 38, 41, 43, 46, 50, 52, 53, 55, 56, 58, 65, 67, 70, 71, 76, 77, 80, 83, 85, 88, 91, 92, 97, 98, 100, 101, 107, 113, 115, 116, 118, 121, 122, 127, 130

したがって、2nの最長脚素数和はこれらのいずれの場合も（2n－3）＋3で、最長脚素数積は3(2n－3)となります。これまでと同様に、一辺がnの正方形に当てはめてみましょう。

正方形の中にある帯巾3の山型図形の立ち上がり部分（高さn－3）を寝かせて矩形にした時の長短両辺の和が最長脚素数和、長短両辺の積が最長脚素数積（山型図形の面積に相当）です。

これらの場合の最長脚長はn－3です。

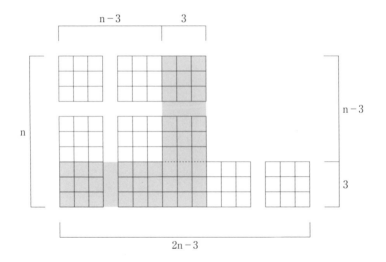

2) 2n−5が最初に素数となるnを抽出

例えば、n＝12であれば、2n−3＝21は素数ではなく、2n−5＝19で素数です。このようなnを「お宝表」から拾い出せば、以下のように37通りあります。

n；6, 9, 12, 14, 18, 21, 24, 26, 29, 33, 36, 39, 42, 44, 47, 51, 54, 57, 59, 66, 68,
　　72, 78, 81, 84, 86, 89, 93, 99, 102, 108, 114, 117, 119, 123, 128, 131

したがって、2nの最長脚素数和はこれらのいずれの場合も（2n−5）+5で、最長脚素数積は5(2n−5) となります。これまでと同様に、一辺がnの正方形に当てはめてみましょう。

正方形の中にある帯巾5の山型図形の立ち上がり部分（高さn−5）を寝かせて矩形にした時の長短両辺の和が最長脚素数和、長短両辺の積が最長脚素数積（山型図形の面積に相当）です。

これらの場合の最長脚長はn−5です。

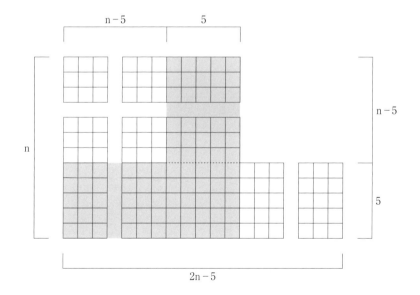

3）2n－7が最初に素数となるnを抽出

例えば、n＝15であれば、2n－3＝27と2n－5＝25とでは素数ではなく、2n－7＝23で始めて素数になります。このようなnを「お宝表」から拾い出せば、以下のように22通りあります。

n：15, 19, 27, 30, 34, 40, 45, 48, 60, 69, 73, 79,
　　82, 87, 90, 94, 103, 109, 120, 124, 129, 132

したがって、2nの最長脚素数和は、いずれの場合も（2n－7）+7で、最長脚素数積は7(2n－7)となります。

これまでと同様に、一辺がnの正方形に当てはめてみましょう。

正方形の中にある帯巾7の山型図形の立ち上がり部分（高さn－7）を寝かせて矩形にした時の長短両辺の和が最長脚素数和、長短両辺の積が最長脚素数積（山型図形の面積に相当）です。最長脚長はn－7です。

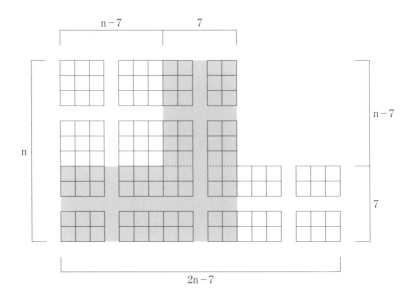

4）2n－9が最初の素数となる場合

例えば、n＝49であれば、（2n－3）は95、（2n－5）は93、（2n－7）は91で、いずれも素数ではありません。（2n－9）で始めて89の素数です。しかしながら、2n＝98において、9＋89は素数和の条件を満たしていません。このようなnを「お宝表」から拾い出せば、他に61, 74, 95, 104, 110, 125があります。このうちnが74, 95, 104, 125の場合の最長脚素数和は、次項の（2n－11）で説明します。

さて、nが49, 61, 110の場合の最長脚素数和はどうなるのでしょうか。ここにゴールドバッハ予想解明の重要な鍵が潜んでいます。

それではn＝49　2n＝98の時の最長脚素数和は以下のようにして求めます。
2n＝98から順に、3, 5, 7, …と差し引いていきます。（@は素数を示す）
61の場合も同様に、2n＝122から3, 5, 7, …と差し引いていきます。
110の場合も同様に、2n＝220から3, 5, 7, …と差し引いていきます。

98－3＝95	122－3＝119	220－3＝217
98－5＝93	122－5＝117	220－5＝215
98－7＝91	122－7＝115	220－7＝213
98－9＝89@	122－9＝113@	220－9＝211@
98－11＝87	122－11＝111	220－11＝209
98－13＝85	122－13＝109@	220－13＝207
98－15＝83@	**（122＝109＋13）**	220－15＝205
98－17＝81		220－17＝203
98－19＝79@		220－19＝201
（98＝79＋19）		220－21＝199@
		220－23＝197@
		（220＝197＋23）

98から9および15を差し引いた89および83は素数ですが、これらは素数和の条件を満たしていません。結局、98の最長脚素数和は**79＋19**となります。

122から9を差し引いた113は素数ですが、これは素数和の条件を満たしていません。結局、122の最長脚素数和は**109＋13**となります。

2n＝220の時の最長脚素数和も同様の理由で、**197＋23**となります。

5）2n－11が最初に素数となるnを抽出

　例えば、n＝62であれば、2n－11＝113で素数です。
このようなnを「お宝表」から拾い出せば、以下の10通りがあります。

　　n；62, 74, 75, 95, 96, 104, 105, 111, 125, 126

　したがって、2nの最長脚素数和はいずれの場合も（2n－11）＋11で、最長脚素数積は11(2n－11)となります。これまでと同様に、一辺がnの正方形に当てはめてみましょう。

　正方形の中にある帯巾11の山型図形の立ち上がり部分（高さn－11）を寝かせて矩形にした時の長短両辺の和が最長脚素数和、長短両辺の積が最長脚素数積（山型図形の面積に相当）です。最長脚長はn－11です。

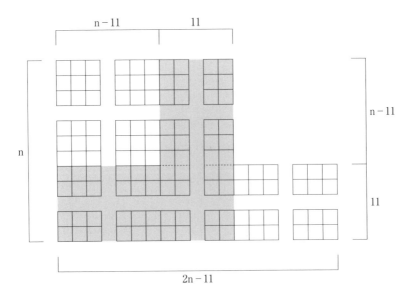

6）2n－13が最初に素数となるnを抽出

　例えば、n＝61であれば、2n－13＝109で素数です。
　このようなnを「お宝表」から拾い出せば、以下のように4通りあります。

　　n；61, 63, 106, 112

　したがって、2nの最長脚素数和はいずれの場合も（2n－13）＋13で、最長脚素数積は13(2n－13) となります。これまでと同様に、一辺がnの正方形に当てはめてみましょう。

　正方形の中にある帯巾13の山型図形の立ち上がり部分（高さn－13）を寝かせて矩形にした時の長短両辺の和が最長脚素数和、長短両辺の積が最長脚素数積（山型図形の面積に相当）です。最長脚長はn－13です。

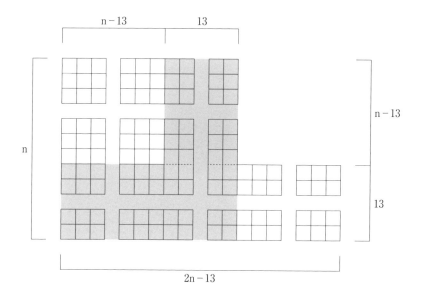

7) 2n－17が最初に素数となるnを抽出

残念ながら、「お宝表」の中には該当するものは見当たりません。もちろん、表に含めるnの範囲を広げればいくつでも見つかります。

例えば、n＝209であれば、2n－17＝401で素数です。

したがって、2nの最長脚素数和は他のいずれの場合も（2n－17）＋17で、最長脚素数積は17(2n－17) となります。これまでと同様に、一辺がnの正方形に当てはめてみましょう。

正方形の中にある帯巾17の山型図形の立ち上がり部分（高さn－17）を寝かせて矩形にした時の長短両辺の和が最長脚素数和、長短両辺の積が最長脚素数積（山型図形の面積に相当）です。最長脚長はn－17です。

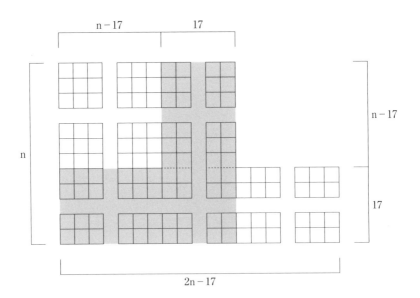

8) 2n−19が最初に素数となるnを抽出

例えば、n = 49であれば、2n − 19 = 79で素数です。このようなnを「お宝表」から探すと、他にn = 64があります。

したがって、2nの最長脚素数和はこのいずれの場合も (2n − 19) + 19で、最長脚素数積は19(2n − 19)となります。これまでと同様に、一辺がnの正方形に当てはめてみましょう。

正方形の中にある帯巾19の山型図形の立ち上がり部分（高さn − 19）を寝かせて矩形にした時の長短両辺の和が最長脚素数和、長短両辺の積が最長脚素数積（山型図形の面積に相当）です。最長脚長はn − 19です。

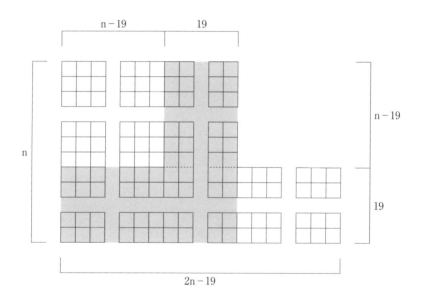

9) 2n−23が最初に素数となるnを抽出

例えば、n=110であれば、2n−23=197で素数です。このようなnは「お宝表」の中にこれしか見当たりません。もちろんnの範囲を広げれば、該当するものは無数に出てきます。

したがって、2nの最長脚素数和はそのいずれの場合も(2n−23)+23で、最長脚素数積は23(2n−23)となります。これまでと同様に、一辺がnの正方形に当てはめてみましょう。

正方形の中にある帯巾23の山型図形の立ち上がり部分(高さn−23)を寝かせて矩形にした時の長短両辺の和が最長脚素数和、長短両辺の積が最長脚素数積(山型図形の面積に相当)です。最長脚長はn−23です。

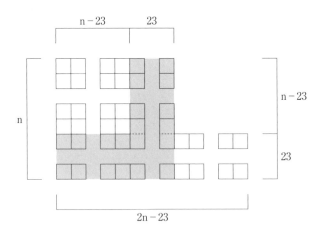

10) 要約；鍵は「山型図形の帯巾」にあり

　以上、「お宝表」から取り出せた最長脚長は（n-23）まででした。

　この先、nの範囲を広げれば、最長脚長はn=154で（n-31）、n=173で（n-29）という具合に、より大きい最長脚長値が際限なく出てきます。

　さてここでは、最長脚素数和に関連して明らかになった事実を再確認しましょう。

　まず、複数2nの最長脚素数和は、（2n-3）が初めに出現する素数であるなら常に｜(2n-3)+3｜であること、すなわち、最長脚長は（n-3）であり、一辺がnの正方形の中に納まる山型図形の帯巾は常に3であるということです。

　次に、二つの素数に挟まれる奇数の数が2個までなら、初めの奇数の最長脚素数和は｜(2n-5)+5｜、二番目の奇数の最長脚素数和は｜(2n-7)+7｜であること、すなわち、最長脚長は順番に（n-5）、（n-7）であり、一辺がnの正方形の中に納まる山型図形の帯巾は順に各々5と7であるということです。

　そして最後に、二つの素数に挟まれる奇数の数が3個以上になったら、3番目や6番目などに位置する奇数の最長脚素数和は一体どうなるかという問題です。お宝表を覗くと、二つの素数に挟まれる奇数の数が3個である「奇数3個トビ素数」の最初の例は（89,97）です。まずこの例で、最後の問題を解いてみます。奇数三つトビの例で見るように両素数に挟まれる奇数は、91、93、95の三つです。3番手の奇数95＝2n-3と置いた時nは49であり、その2倍の98は、前の素数89に9をプラスした値です。しかし、言うまでもなく9は素数ではありません。そこで11以降の素数を順次差し引いていって、素数和となる組み合わせを見つけ出すわけです。結局、98＝79+19が最初に見つかる素数和の組み合わせであり、これを2n＝98の最長脚素数和として確定できます。

　お宝表の最後尾に出てくる（113,127）は、「奇数六つトビ素数」の一例です。

下表で見るように3番手の奇数119と6番手の奇数125の最長脚素数和が先の素数113の手前にある素数（ここでは109）であることが分かります。

表　お宝表に一組だけある「奇数六つトビ素数」
における8個の奇数の最長脚素数和

(113,127)	113@	n = (113 + 3)/2 = 58	58*2 − 3 = 113@	2n = 113 + 3
	115	n = (115 + 3)/2 = 59	59*2 − 5 = 113@	2n = 113 + 5
	117	n = (117 + 3)/2 = 60	60*2 − 7 = 113@	2n = 113 + 7
	119	n = (119 + 3)/2 = 61	61*2 − 9 = 113@	
			61*2 − 11 = 111	
			61*2 − 13 = 109@	2n = 109 + 13
	121	n = (121 + 3)/2 = 62	62*2 − 11 = 113@	2n = 113 + 11
	123	n = (123 + 3)/2 = 63	63*2 − 13 = 113@	2n = 113 + 13
	125	n = (125 + 3)/2 = 64	64*2 − 15 = 113@	
			64*2 − 17 = 111	
			64*2 − 19 = 109@	2n = 109 + 19
	127@	n = (127 + 3)/2 = 65	65*2 − 3 = 127@	2n = 127 + 3

　ここで例示したように素数間隔がどんなに広がっても、前後の素数に挟まれたすべての奇数の最長脚素数和は、前の素数よりさらに手前にある素数を用いて求められることが判明しました。

　このことも極めて重要な第二の発見といえます。

■最短脚素数和（積）に潜む法則性

1）nが素数の場合

nが素数の場合、2nの最短脚素数和は（n−0）+（n+0）= n+nで、脚長は0です。これまでと同様に一辺がnの正方形を当てはめると以下の通りです。脚長が0の時は左上隅の角が欠けないので、最短脚素数和は正方形の二辺の和に該当します。また最短脚素数和積はn・nで、正方形の二辺の積であり面積を意味しています。

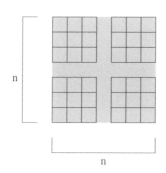

2）双子素数（連続素数）の場合

（3, 5）、（5, 7）、（11, 13）…などのように連続する二つの奇数が共に素数であるパターンを「双子素数」と呼んでいます。双子素数は、お宝表の中に次の10通りが存在しています。

（3, 5）、（5, 7）、（11, 13）、（17, 19）、（29, 31）、（41, 43）、
（59, 61）、（71, 73）、（101, 103）、（107, 109）

例えば（107, 109）において、107を「前の素数」、109を「後の素数」と呼べば、両素数間に挟まる偶数は108です。

この最短脚素数和は107+109で、脚長は1です。ここでの最短脚長は1です。

間に挟まれた偶数nに関して一辺がnの正方形を当てはめれば、以下の通りです。

一辺がnの正方形の左上隅から一辺が1の小さめの正方形を取り除いた

図形(山型図形)の立ち上がり部分(巾 n − 1・高さ 1)を回転させながら移動して矩形に置き換えた時の長短両辺の和は、(n − 1) + (n + 1) です。これが最短脚素数和に該当します。ここでの最短脚長は1です。

また長短両辺の積は、(n − 1)(n + 1) で、山型図形の面積を意味しています。これが最短脚素数積に当たります。ここでの最短脚長も1です。

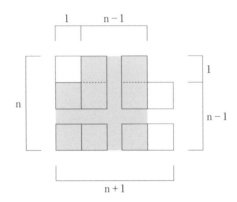

表1 「お宝表」にある10通りの双子素数
および、間の偶数の最短脚素数和

(3,5)	n = 4	2n = (4 − 1) + (4 + 1) = 3 + 5
(5,7)	n = 6	2n = (6 − 1) + (6 + 1) = 5 + 7
(11,13)	n = 12	2n = (12 − 1) + (12 + 1) = 11 + 13
(17,19)	n = 18	2n = (18 − 1) + (18 + 1) = 17 + 19
(29,31)	n = 30	2n = (30 − 1) + (30 + 1) = 29 + 31
(41,43)	n = 42	2n = (42 − 1) + (42 + 1) = 41 + 43
(59,61)	n = 60	2n = (60 − 1) + (60 + 1) = 59 + 61
(71,73)	n = 72	2n = (72 − 1) + (72 + 1) = 71 + 73
(101,103)	n = 102	2n = (102 − 1) + (102 + 1) = 101 + 103
(107,109)	n = 108	2n = (108 − 1) + (108 + 1) = 107 + 109

3）「いとこ素数」（奇数一つトビ）の場合

次に、(7, 11)、(13, 17)、(19, 23)、…といった素数でない奇数が両者の間に1個挟まる二つの素数の組み合わせを「いとこ素数」と呼んでいます。要するに、奇数一つトビのパターンです。ただし、最初の「いとこ素数」である (3, 7) の時のみは例外で、間に挟まる奇数は5で素数です。
「いとこ素数」は、お宝表の中に次の12通りが存在しています。

(3, 7)、(7, 11)、(13, 17)、(19, 23)、(37, 41)、(43, 47)、(67, 71)、
(79, 83)、(97, 101)、(103, 107)、(109, 113)、(127, 131)

例えば (127, 131) において、127を「前の素数」、131を「後の素数」と呼べば、両素数間に挟まる奇数は129です。これまで見たように、両素数の最短脚素数和はそれぞれ127＋127と131＋131で、この際の脚長はいずれも0、また奇数129の最短脚素数和は127＋131で、脚長は2です。

要するに、すべてのいとこ素数は、前後の両素数に挟まれた奇数マイナス2とプラス2であることが分かります。間の奇数nに関して一辺がnの正方形を当てはめれば、以下の通りです。

一辺がnの正方形の左上隅から一辺が2の小さめの正方形を取り除いた図形（山型図形）の立ち上がり部分（巾n－2・高さ2）を回転させながら移動して矩形に置き換えた時の長短両辺の和は、(n－2)＋(n＋2) です。

これが最短脚素数和に該当します。

また長短両辺の積は (n－2)(n＋2) で最短脚素数積に当たります。これは山型図形の面積を意味しています。最短脚長は2です。

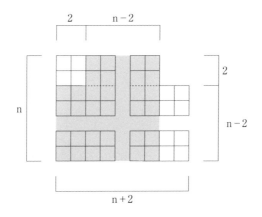

表2 お宝表にある12通りの「いとこ素数」と
間に挟まれる奇数の最短脚素数和

(3,7)	n = 5	2n = (5 − 2) + (5 + 2) = 3 + 7
(7,11)	n = 9	2n = (9 − 2) + (9 + 2) = 7 + 11
(13,17)	n = 15	2n = (15 − 2) + (15 + 2) = 13 + 17
(19,23)	n = 21	2n = (21 − 2) + (21 + 2) = 19 + 23
(37,41)	n = 39	2n = (39 − 2) + (39 + 2) = 37 + 41
(43,47)	n = 45	2n = (45 − 2) + (45 + 2) = 43 + 47
(67,71)	n = 69	2n = (69 − 2) + (69 + 2) = 67 + 71
(79,83)	n = 81	2n = (81 − 2) + (81 + 2) = 79 + 83
(97,101)	n = 99	2n = (99 − 2) + (99 + 2) = 97 + 101
(103,107)	n = 105	2n = (105 − 2) + (105 + 2) = 103 + 107
(109,113)	n = 111	2n = (109 − 2) + (109 + 2) = 107 + 111
(127,131)	n = 129	2n = (129 − 2) + (129 + 2) = 127 + 131

4)「奇数二つトビ素数」の場合

次に、(23, 29)、(31, 37)、(47, 53)、…のように二つの素数間に素数でない奇数が2個挟まる場合の組み合わせパターンを「奇数二つトビ素数」と名付けます。「奇数二つトビ素数」は、お宝表の中に次の7通りが存在しています。

(23, 29)、(31, 37)、(47, 53)、(53, 59)、(61, 67)、(73, 79)、(83, 89)

例えば (23, 29) において、23を「先の素数」、29を「後の素数」と呼べば、両素数の平均である偶数は26です。これまで見たように、両素数の最短脚素数和はそれぞれ23+23と29+29で、この際の脚長はいずれも0でした。また、偶数26の最短脚素数和は23+29で、脚長は3です。

要するに、すべての「奇数二つトビ素数」は、後先両素数の平均である偶数のマイナス3とプラス3であることが分かります。

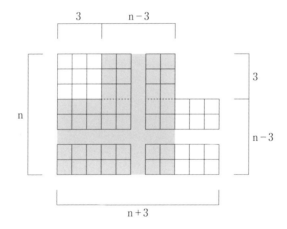

表3　お宝表にある7通りの「奇数二つトビ素数」と
両素数真ん中に挟まれる偶数の最短脚素数和

(23,29)	n = 26	2n = (26 − 3) + (26 + 3) = 23 + 29
(31,37)	n = 34	2n = (34 − 3) + (34 + 3) = 31 + 37
(47,53)	n = 50	2n = (50 − 3) + (50 + 3) = 47 + 53
(53,59)	n = 56	2n = (56 − 3) + (56 + 3) = 19 + 23
(61,67)	n = 64	2n = (64 − 3) + (64 + 3) = 61 + 67
(73,79)	n = 76	2n = (76 − 3) + (76 + 3) = 73 + 79
(83,89)	n = 86	2n = (86 − 3) + (86 + 3) = 83 + 89

　この偶数nに関して一辺がnの正方形を当てはめれば、以下の通りです。
　一辺がnの正方形の左上隅から一辺が3の小さめの正方形を取り除いた図形（山型図形）の立ち上がり部分（巾n−3・高さ3）を回転させながら移動して矩形に置き換えた時の長短両辺の和は、$(n-3)+(n+3)$です。これが最短脚素数和に該当します。ここでの最短脚長は3です
　また長短両辺の積 $(n-3)(n+3)$ が最短脚素数積（山型図形の面積）です。
　ここでの最短脚長も3です。

5)「奇数三つトビ素数」の場合

　素数お宝表の中に、二つの素数間に3個の素数でない奇数が挟まれるケースが一組だけあります。それは (89, 97) で、間に入る奇数は91、93、95の三つです。(89, 97) において、89を「前の素数」、97を「後の素数」と呼べば、両素数の平均の奇数は93です。これまで見たように、両素数の最短脚素数和はそれぞれ89＋89と97＋97で、この際の脚長はいずれも0でした。

　また、奇数93の最短脚素数和は89＋97で、脚長は4です。

　要するに、すべての「奇数三つトビ素数」は、後先両素数の平均である奇数のマイナス4とプラス4であることが分かります。この間に挟まれた奇数nに関して一辺がnの正方形を当てはめれば、以下の通りです。

　一辺がnの正方形の左上隅から一辺が4の小さめの正方形を取り除いた図形（山型図形）の立ち上がり部分（巾n－4・高さ4）を回転させながら移動して矩形に置き換えた時の長短両辺の和は、(n－4)＋(n＋4) です。これが最短脚素数和に該当します。また長短両辺の積 (n－4)(n＋4) が最短脚素数積（山型図形の面積を意味する）です。最短脚長は4です。

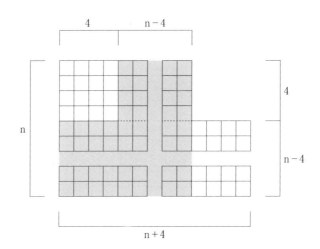

6)「奇数四つトビ素数」の場合

　素数お宝表の中に「奇数四つトビ素数」は見当たりません。そこで、nの範囲を少し広げて探すと、(139, 149) が見つかります。

　二つの素数間に四個の素数でない奇数が挟まれる最初のケースです。間に入る奇数は141, 143, 145, 147の四つです。(139, 149) において、139を「前の素数」、149を「後の素数」と呼べば、前後両素数の平均は偶数の144です。これまで見たように、両素数の最短脚素数和はそれぞれ139＋139と149＋149で、この際の脚長はいずれも0でした。また、偶数144の最短脚素数和は139＋149で、脚長は5です。

　さらにnの範囲を広げれば、「奇数四つトビ素数」は何組でも出てきます。要するに、すべての「奇数四つトビ素数」は、前後両素数の平均である偶数のマイナス5とプラス5であることが分かります。

　この偶数nに関して一辺がnの正方形を当てはめれば、以下の通りです。

　一辺がnの正方形の左上隅から一辺が5の小さめの正方形を取り除いた図形（山型図形）の立ち上がり部分（巾n－5・高さ5）を回転させながら移動して矩形に置き換えた時の長短両辺の和は、(n－5)＋(n＋5) です。これが最短脚素数和に該当します。また長短両辺の積 (n－5)(n＋5) が最短脚素数積で、山型図形の面積を意味しています。最短脚長は5です。

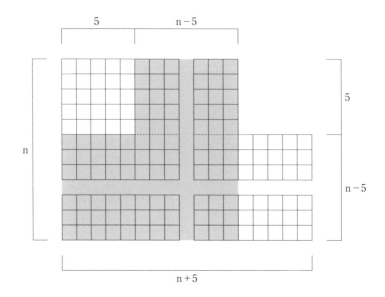

7)「奇数五つトビ素数」の場合

　素数お宝表の中に「奇数五つトビ素数」も見当たりません。そこで、nの範囲を少し広げて探すと、(199, 211) が見つかります。二つの素数間に五個の素数でない奇数が挟まれる最初のケースです。間に入る奇数は201, 203, 205, 207, 209 の五つです。(199, 211) において、199 を「前の素数」、211 を「後の素数」と呼べば、前後両素数の平均の奇数は 205 です。これまでと同様、両素数の最短脚素数和を求めれば、はそれぞれ 199+199 と 211+211 で、この際の脚長はいずれも 0 です。

　また、この奇数 205 の最短脚素数和は 199+211 で、脚長は 6 です。さらに n の範囲を広げれば、「奇数五つトビ素数」はいくつでも出てきます。

　要するに、すべての「奇数五つトビ素数」は、前後両素数の平均である奇数のマイナス 6 とプラス 6 であることが分かります。

　この「奇数五つトビ素数」の真ん中にある奇数 n に関して一辺が n の正方形を当てはめれば、以下の通りです。一辺が n の正方形の左上隅から一辺が 6 の小さめの正方形を取り除いた図形（山型図形）の立ち上がり部分（巾 n−6・高さ 6）を回転させながら移動して矩形に置き換えた時の長短両辺の和は、$(n-6)+(n+6)$ です。これが最短脚素数和に該当します。ここでの最短脚長は 6 です。また長短両辺の積 $(n-6)(n+6)$ が最短脚素数積で、山型図形の面積を意味しています。これが最短脚素数積に当たります。ここでの最短脚長も 6 です。

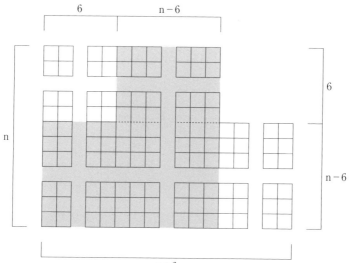

8)「奇数六つトビ素数」の場合

　素数お宝表の中に、二つの素数間に6個の素数でない奇数が挟まれるケースが（113, 127）の一組だけあります。間に入る奇数は115、117、119、121、123、125の六つです。ここで、113を「前の素数」、127を「後の素数」と呼べば、前後両素数の平均である偶数は120です。これまで見たように、両素数の最短脚素数和はそれぞれ113＋113と127＋127で、この際の脚長はいずれも0です。

　また、偶数120の最短脚素数和は113＋127で、脚長は7です。要するに、すべての「奇数六つトビ素数」は、後先両素数の平均である偶数のマイナス7とプラス7であることが分かります。

　この真ん中に挟まれた偶数nに関して、一辺がnの正方形を当てはめれば、以下の通りです。

　一辺がnの正方形の左上隅から一辺が7の小さめの正方形を取り除いた図形（山型図形）の立ち上がり部分（巾n－7・高さ7）を回転させながら移動して矩形に置き換えた時の長短両辺の和は、（n－7）＋（n＋7）です。これが最短脚素数和に該当します。また長短両辺の積（n－7）（n＋7）が最短脚素数積で、山型図形の面積を意味しています。ここでの最短脚長も7です。

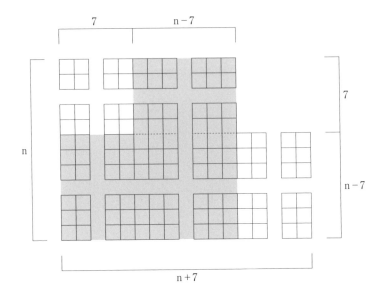

9) 要約；鍵は「最短脚長」にあり

　以上、「お宝表」の中から、素数間隔と最短脚素数和（積）の関係を追跡した結果、前の素数と後の素数の平均値について最短脚長を求めれば、両素数の間に挟まれる奇数の個数に1を加えると最短脚長となることが判明しました。つまり、双子素数で1、いとこ素数で2、「奇数二つトビ素数」で3、「奇数三つトビ素数」で4、「奇数四つトビ素数」で5、「奇数五つトビ素数」で6…という具合です。

　敷衍していえば、どんなに一つ手前の素数との間隔が大きい巨大素数であっても脚長0の最短脚素数和（積）を有するということであり、両素数に挟まれた平均値は両素数間にある奇数の個数に1を加えた値の最短脚長を有するということを意味しているのです。

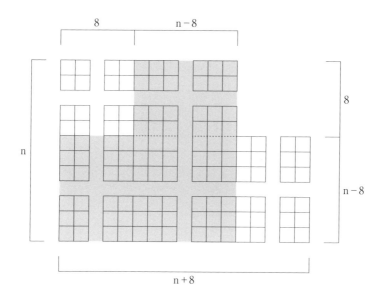

■『玉手箱その2』の総まとめ

1) お宝表には素数和（積）の（組数）が掲載されています。素数和（積）が一組しかないのは、nが3, 4, 6, の場合だけです。素数和（積）が二組あるのは、5, 7, 8, 9, 10, 14, 16, 19と34です。

    次いで、素数和（積）が三組あるのは、11, 12, 13, 15, 20, 22, 26, 28, 31, 49と64です。

    さらに素数和（積）が四組あるのは、17, 23, 25, 29, 40, 44, 46, 61と76です。

    こうしてみると素数和（積）を三組持つ限界値はn＝64, 素数和（積）を四組持つ限界値はn＝76と見てよいでしょう。

    というのは、素数和（積）を五組持つ限界値はn＝94であり、素数和（積）を六組持つ限界値がn＝166である可能性が高いからです。

2) 素数和（積）が一組しかない場合は、便宜的にその一組が最長脚素数和（積）と最短脚素数和（積）を兼ねるとするのは賢い選択です。

    というのは、ゴールドバッハの拡張予想として、唯一の偶素数でもある2も加えた上で、

『1を除くすべての整数nの複数2nは、必ず最長脚素数和（積）と最短脚素数和（積）を有する』

という予想が成立するからに他なりません。

お宝素数表・その1

n	2n	(組数)	最長脚素数和	最短脚素数和	最長脚長	最短脚長
3@	6	(1)	3+3	3+3	0（=3-3）	0
4	8	(1)	3+5	3+5	1（=4-3）	1（=4-3）
5@	10	(2)	3+7	5+5	2（=5-3）	0
6	12	(1)	5+7	5+7	1（=6-5）	1（=6-5）
7@	14	(2)	3+11	7+7	4（=7-3）	0
8	16	(2)	3+13	5+11	5（=8-3）	3（=8-5）
9	18	(2)	5+13	7+11	4（=9-5）	2（=9-7）
10	20	(2)	3+17	7+13	7（=10-3）	3（=10-7）
11@	22	(3)	3+19	11+11	8（=11-3）	0
12	24	(3)	5+19	11+13	7（=12-5）	1（=12-11）
13@	26	(3)	3+23	13+13	10（=13-3）	0
14	28	(2)	5+23	11+17	9（=14-5）	3（=14-11）
15	30	(3)	7+23	13+17	8（=15-7）	2（=15-13）
16	32	(2)	3+29	13+19	13（=16-3）	3（=16-13）
17@	34	(4)	3+31	17+17	14（=17-3）	0
18	36	(4)	5+31	17+19	13（=18-5）	1（=18-17）
19@	38	(2)	7+31	19+19	12（=19-7）	0
20	40	(3)	3+37	17+23	17（=20-3）	3（=20-17）
21	42	(4)	5+37	19+23	16（=21-5）	2（=21-19）
22	44	(3)	3+41	13+31	19（=22-3）	9（=22-13）
23@	46	(4)	3+43	23+23	20（=23-3）	0
24	48	(5)	5+43	19+29	19（=24-5）	5（=24-19）
25	50	(4)	3+47	19+31	22（=25-3）	6（=25-19）
26	52	(3)	5+47	23+29	21（=26-5）	3（=26-23）
27	54	(5)	7+47	23+31	20（=27-7）	4（=27-23）
28	56	(3)	3+53	19+37	25（=28-3）	9（=28-19）

お宝素数表・その2

n	2n	(組数)	最長脚 素数和	最短脚 素数和	最長脚長	最短脚長
29@	58	(4)	5+53	29+29	24（=29−5）	0
30	60	(6)	7+53	29+31	23（=30−7）	1（=30−29）
31@	62	(3)	3+59	31+31	28（=31−3）	0
32	64	(5)	3+61	23+41	29（=32−3）	9（=32−23）
33	66	(6)	5+61	29+37	28（=33−5）	4（=33−29）
34	68	(2)	7+61	31+37	27（=34−7）	3（=34−31）
35	70	(5)	3+67	29+41	32（=35−3）	6（=35−29）
36	72	(6)	5+67	31+41	31（=36−5）	5（=36−31）
37@	74	(5)	3+71	37+37	34（=37−3）	0
38	76	(5)	3+73	29+47	35（=38−3）	9（=38−29）
39	78	(7)	5+73	37+41	34（=39−5）	2（=39−37）
40	80	(4)	7+73	37+43	33（=40−7）	3（=40−37）
41@	82	(5)	3+79	41+41	38（=41−3）	0
42	84	(8)	5+79	41+43	37（=42−5）	1（=42−41）
43@	86	(5)	3+83	43+43	40（=43−3）	0
44	88	(4)	5+83	41+47	39（=44−5）	3（=44−41）
45	90	(9)	7+83	43+47	38（=45−7）	2（=45−43）
46	92	(4)	3+89	31+61	43（=46−3）	15（=46−31）
47@	94	(5)	5+89	47+47	42（=47−5）	0
48	96	(7)	7+89	43+53	41（=48−7）	5（=48−43）
49	98	(3)	19+79	37+61	30（=49−19）	12（=49−37）
50	100	(6)	3+97	47+53	47（=50−3）	3（=50−47）
51	102	(8)	5+97	43+59	46（=51−5）	8（=51−43）
52	104	(5)	3+101	43+61	49（=52−3）	9（=52−43）
53@	106	(6)	3+103	53+53	50（=53−3）	0
54	108	(8)	5+103	47+61	49（=54−5）	7（=54−47）

お宝素数表・その3

n	2n	(組数)	最長脚 素数和	最短脚 素数和	最長脚長	最短脚長
55	110	(6)	3+107	43+67	52 (=55−3)	12 (=55−43)
56	112	(7)	3+109	53+59	53 (=56−3)	3 (=56−53)
57	114	(10)	5+109	53+61	52 (=57−5)	4 (=57−53)
58	116	(6)	3+113	43+73	55 (=58−3)	15 (=58−43)
59@	118	(6)	5+113	59+59	54 (=59−5)	0
60	120	(12)	7+113	59+61	53 (=60−7)	1 (=60−59)
61@	122	(4)	13+109	61+61	48 (=61−13)	0
62	124	(5)	11+113	53+71	51 (=62−11)	9 (=62−53)
63	126	(10)	13+113	59+67	50 (=63−13)	4 (=63−59)
64	128	(3)	19+109	61+67	45 (=64−19)	3 (=64−61)
65	130	(7)	3+127	59+71	62 (=65−3)	6 (=65−59)
66	132	(9)	5+127	61+71	61 (=66−5)	5 (=66−61)
67@	134	(6)	3+131	67+67	64 (=67−3)	0
68	136	(5)	5+131	53+83	63 (=68−5)	15 (=68−53)
69	138	(8)	7+131	67+71	62 (=69−7)	2 (=69−67)
70	140	(7)	3+137	67+73	67 (=70−3)	3 (=70−67)
71@	142	(8)	3+139	71+71	68 (=71−3)	0
72	144	(11)	5+139	71+73	67 (=72−5)	1 (=72−71)
73@	146	(6)	7+139	73+73	66 (=73−7)	0
74	148	(5)	11+137	59+89	63 (=74−11)	15 (=74−59)
75	150	(12)	11+139	71+79	64 (=75−11)	4 (=75−71)
76	152	(4)	3+149	73+79	73 (=76−3)	3 (=76−73)
77	154	(8)	3+151	71+83	74 (=77−3)	6 (=77−71)
78	156	(11)	5+151	73+83	73 (=78−5)	5 (=78−73)
79@	158	(5)	7+151	79+79	72 (=79−7)	0
80	160	(8)	3+157	71+89	77 (=80−3)	9 (=80−71)

お宝素数表・その4

n	2n	(組数)	最長脚素数和	最短脚素数和	最長脚長	最短脚長
81	162	(10)	5+157	79+83	76（=81－5）	2（=81－79）
82	164	(5)	7+157	67+97	75（=82－7）	15（=82－67）
83@	166	(6)	3+163	83+83	80（=83－3）	0
84	168	(14)	5+163	79+89	79（=84－5）	5（=84－79）
85	170	(9)	3+167	73+97	82（=85－3）	12（=85－73）
86	172	(6)	5+167	83+89	81（=86－5）	3（=86－83）
87	174	(11)	7+167	73+101	80（=87－7）	14（=87－73）
88	176	(7)	3+173	79+97	85（=88－3）	9（=88－79）
89@	178	(7)	5+173	89+89	84（=89－5）	0
90	180	(14)	7+173	83+97	83（=90－7）	7（=90－83）
91	182	(6)	3+179	79+103	88（=91－3）	12（=91－79）
92	184	(8)	3+181	83+101	89（=92－3）	9（=92－83）
93	186	(13)	5+181	89+97	88（=93－5）	4（=93－89）
94	188	(5)	7+181	79+109	87（=94－7）	15（=94－79）
95	190	(8)	11+179	89+101	84（=95－11）	6（=95－89）
96	192	(11)	11+181	89+103	85（=96－11）	7（=96－89）
97@	194	(8)	3+191	97+97	94（=97－3）	0
98	196	(10)	3+193	89+107	95（=98－3）	9（=98－89）
99	198	(13)	5+193	97+101	94（=99－5）	2（=99－97）
100	200	(7)	3+197	97+103	97（=100－3）	3（=100－97）
101@	202	(9)	3+199	101+101	98（=101－3）	0
102	204	(14)	5+199	101+103	97（=102－5）	1（=102－101）
103@	206	(7)	7+199	103+103	96（=103－7）	0
104	208	(7)	11+197	101+107	93（=104－11）	3（=104－101）
105	210	(18)	11+199	103+107	94（=105－11）	2（=105－103）
106	212	(6)	13+199	103+109	93（=106－13）	3（=106－103）

お宝素数表・その5

n	2n	(組数)	最長脚 素数和	最短脚 素数和	最長脚長	最短脚長
107@	214	(8)	3+211	107+107	104（=107-3）	0
108	216	(13)	5+211	107+109	103（=108-5）	1（=108-107）
109@	218	(7)	7+211	109+109	102（=109-7）	0
110	220	(9)	23+197	107+113	87（=110-23）	3（=110-107）
111	222	(11)	11+211	109+113	100（=111-11）	2（=111-109）
112	224	(7)	13+211	97+127	99（=112-13）	15（=112-97）
113@	226	(7)	3+223	113+113	110（=113-3）	0
114	228	(12)	5+223	101+127	109（=114-5）	13（=114-101）
115	230	(9)	3+227	103+127	112（=115-3）	12（=115-103）
116	232	(7)	3+229	101+131	113（=116-3）	15（=116-101）
117	234	(15)	5+229	107+127	112（=117-5）	10（=117-107）
118	236	(9)	3+233	109+127	115（=118-3）	9（=118-109）
119	238	(9)	5+233	107+131	114（=119-5）	12（=119-107）
120	240	(18)	7+233	113+127	113（=120-7）	7（=120-113）
121	242	(8)	3+239	103+139	118（=121-3）	18（=121-103）
122	244	(9)	3+241	113+131	119（=122-3）	9（=122-113）
123	246	(16)	5+241	109+137	118（=123-5）	14（=123-109）
124	248	(6)	7+241	109+139	117（=124-7）	15（=124-109）
125	250	(9)	11+239	113+137	114（=125-11）	12（=125-113）
126	252	(16)	11+241	113+139	115（=126-11）	13（=126-113）
127@	254	(9)	3+251	127+127	124（=127-3）	0
128	256	(8)	5+251	107+149	123（=128-5）	21（=128-107）
129	258	(14)	7+251	127+131	122（=129-7）	2（=129-127）
130	260	(10)	3+257	109+151	127（=130-3）	21（=130-109）
131@	262	(9)	5+257	131+131	126（=131-5）	0
132	264	(16)	7+257	127+137	125（=132-7）	5（=132-127）

玉手箱その3
八つ子素数 みーつけた

■「四つ子素数」の正体

　最初に出てくる「四つ子素数」は、(5, 7, 11, 13) です。

　二番目は、(11, 13, 17, 19)、三番目は、(101, 103, 107, 109)。

　四番目は、(191, 193, 197, 199)、と続きます。

　五番目は少し離れて、(821, 823, 827, 829) です。これらの例から明らかなように、二番目以降の四つ子素数にはいずれにも共通する性質があります。

　それは、一番目を除くすべての四つ子素数は末尾5の奇数を挟んでその前に末尾が1と3の素数が並び、そのあとに並ぶ末尾が7と9の都合4個の素数から成り立っているという事実です。つまり末尾が1と3の双子素数と末尾が7と9の双子素数が末尾5の奇数を挟んで最接近するパターンが四つ子素数に他なりません。

　そうしてみると双子素数自体も、相異なる二つの素数が偶数一つを挟んで最接近するケースであることに気づきます。ちなみに、最初の四つ子素数だけが例外なのは5が素数であることに起因しています。

　それでは四つ子素数をNo.1からNo.10まで順次、図解します。

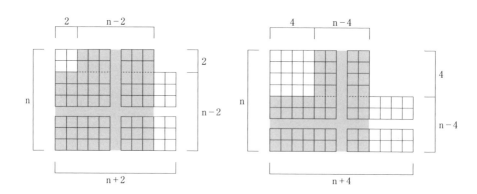

四つ子素数（一般形）の図解

1）四つ子素数№1

　四つ子素数の№1は、(5, 7, 11, 13) です。9を挟んで両端の5と13は (9∓4)、残りの7と11は (9∓2) で表せます。これを2n＝18の時の最短脚長は2で、次短脚長は4であるといっても差し支えありません。

　これに一辺9の正方形を当てはめると、以下のようになります。

　一辺9の正方形から左肩にある一辺2の正方形を取り除くと、左上角の欠けた山型図形が残ります。この山型図形の立ち上がり部分(巾7、高さ2)を回転移動して矩形に置き換えた時の短辺が素数の7で、長辺が素数の11です。

　次いで、一辺9の正方形から左肩にある一辺4の正方形を取り除くと、左上角の欠けた山型図形が残ります。この山型図形の立ち上がり部分(巾5、高さ4)を回転移動して矩形に置き換えた時の短辺が素数の5で、長辺が素数の13です。

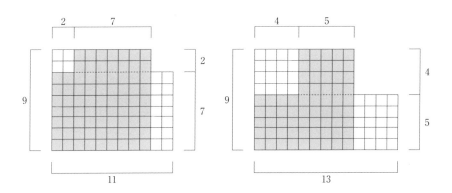

四つ子素数№1の図解

2）四つ子素数№2

　四つ子素数の№2は、(11, 13, 17, 19) です。15を挟んで両端の11と19は (15∓4)、残りの13と17は (15∓2) で表せます。これを2n＝30の時の最短脚長は2で、次短脚長は4であるといっても差し支えありません。
　これに一辺15の正方形を当てはめると、以下のようになります。

　一辺15正方形から左肩にある一辺2の正方形を取り除くと、左上角の欠けた山型図形が残ります。
　この山型図形の立ち上がり部分（巾13、高さ2）を回転移動して矩形に置き換えた時の短辺が素数の13で、長辺が素数の17です。

　次いで、一辺15の正方形から左肩にある一辺4の正方形を取り除くと、左上角の欠けた山型図形が残ります。
　この山型図形の立ち上がり部分（巾11、高さ4）を回転移動して矩形に置き換えた時の短辺が素数の11で、長辺が素数の19です。

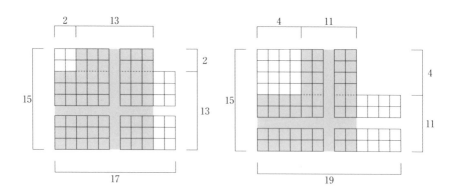

四つ子素数№2の図解

3) 四つ子素数No.3

　四つ子素数のNo.3は、(101, 103, 107, 109) です。105を挟んで両端の101と109は (105∓4)、残りの103と107は (105∓2) で表せます。これを2n=210の時の最短脚長は2で、次短脚長は4であるといっても差し支えありません。

　これを一辺105の正方形に当てはめると、以下のようになります。

　一辺105正方形から左肩にある一辺2の正方形を取り除くと、左上角の欠けた山型形が残ります。
　この山型図形の立ち上がり部分（巾103、高さ2）を回転移動して矩形に置き換えた時の短辺が素数の103で、長辺が素数の107です。

　次いで、一辺105の正方形から左肩にある一辺4の正方形を取り除くと、左上角の欠けた山型図形が残ります。
　この山型図形の立ち上がり部分（巾101、高さ4）を回転移動して矩形に置き換えた時の短辺が素数の101で、長辺が素数の109です。

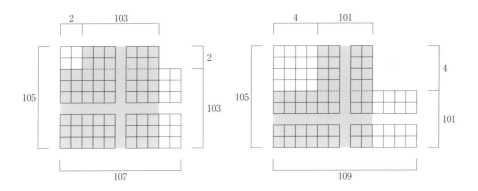

四つ子素数No.3の図解

4）四つ子素数№4

　四つ子素数の№4は、(191, 193, 197, 199)です。195を挟んで両端の191と199は（195∓4）、残りの103と107は（195∓2）で表せます。これを2n＝390の時の最短脚長は2で、次短脚長は4であるといっても差し支えありません。

　これを一辺105の正方形に当てはめると、以下のようになります。

　一辺195正方形から左肩にある一辺2の正方形を取り除くと、左上角の欠けた山型図形が残ります。

　この山型図形の立ち上がり部分（巾193、高さ2）を回転移動して矩形に置き換えた時の短辺が素数の193で、長辺が素数の197です。

　次いで、一辺195の正方形から左肩にある一辺4の正方形を取り除くと、左上角の欠けた山型図形が残ります。

　この山型図形の立ち上がり部分（巾191、高さ4）を回転移動して矩形に置き換えた時の短辺が素数の191で、長辺が素数の199です。

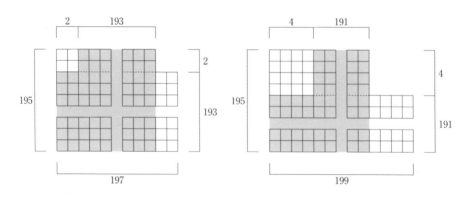

四つ子素数№4の図解

5）四つ子素数№5

　四つ子素数の№5は、(821, 823, 827, 829) です。825を挟んで両端の821と829は（825∓4）、残りの823と827は（825∓2）で表せます。これを2n＝1'650の時の最短脚長は2で、次短脚長は4であるといっても差し支えありません。

　これを一辺825の正方形に当てはめると、以下のようになります。

　一辺825正方形から左肩にある一辺2の正方形を取り除くと、左上角の欠けた山型図形が残ります。

　この山型図形の立ち上がり部分（巾823、高さ2）を回転移動して矩形に置き換えた時の短辺が素数の823で、長辺が素数の827です。

　次いで、一辺825の正方形から左肩にある一辺4の正方形を取り除くと、左上角の欠けた山型図形が残ります。

　この山型図形の立ち上がり部分（巾821、高さ4）を回転動して矩形に置き換えた時の短辺が素数の821で、長辺が素数の829です。

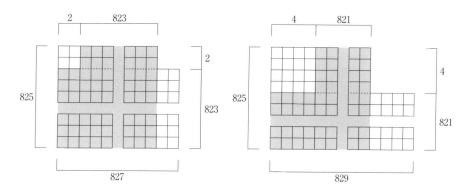

四つ子素数№5の図解

6）四つ子素数No.6

　四つ子素数のNo.6は、(1'481, 1'483, 1'487, 1'489) です。1'485を挟んで両端の1'481と1'489は (1'485∓4)、残りの1'483と1'487は (1'485∓2) で表せます。これを2n = 2'970の時の最短脚長は2で、次短脚長は4であるといっても差し支えありません。

　これを一辺1'485の正方形に当てはめると、以下のようになります。

　一辺1'485正方形から左肩にある一辺2の正方形を取り除くと、左上角の欠けた山型図形が残ります。

　この山型図形の立ち上がり部分（巾1'483、高さ2）を回転移動して矩形に置き換えた時の短辺が素数の1'483で、長辺が素数の1'487です。

　次いで、一辺1'485の正方形から左肩にある一辺4の正方形を取り除くと、左上角の欠けた山型図形が残ります。

　この山型図形の立ち上がり部分（巾1'481、高さ4）を回転移動して矩形に置き換えた時の短辺が素数の1'481で、長辺が素数の1'489です。

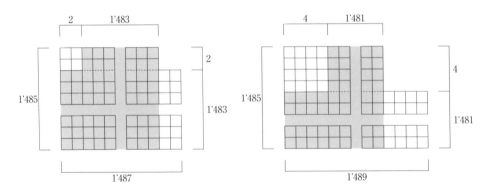

四つ子素数No.6の図解

7）四つ子素数No.7

　四ツ子素数のNo.7は、（1'871, 1'873, 1'877, 1'879）です。1'875を挟んで両端の1'871と1'879は（1'875∓4）、残りの1'873と1'877は（1'875∓2）で表せます。

　これを2n＝3'750の時の最短脚長は2で、次短脚長は4であるといっても差し支えありません。これを一辺1'875の正方形に当てはめると、以下のようになります。

　一辺1'875正方形から左肩にある一辺2の正方形を取り除くと、左上角の欠けた山型図形が残ります。

　この山型図形の立ち上がり部分（巾1'873、高さ2）を回転移動して矩形に置き換えた時の短辺が素数の1'873で、長辺が素数の1'877です。

　次いで、一辺1'875の正方形から左肩にある一辺4の正方形を取り除くと、左上角の欠けた山型図形が残ります。

　この山型図形の立ち上がり部分（巾1'871、高さ4）を回転移動して矩形に置き換えた時の短辺が素数の1'871で、長辺が素数の1'879です。

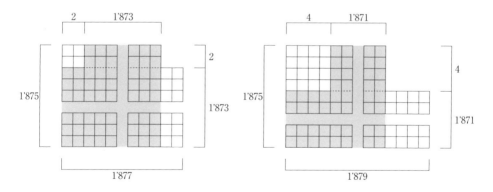

四つ子素数No.7の図解

8) 四つ子素数№8

　四ツ子素数の№8は、(2'081, 2'083, 2'087, 2'089) です。2'085を挟んで両端の2'081と2'089は (2'085∓4)、残りの2'083と2'087は (2'085∓2) で表せます。これを$2n = 4'170$の時の最短脚長は2で、次短脚長は4であるといっても差し支えありません。また　これに一辺2'085の正方形を当てはめると、以下のようになります。

　一辺2'085正方形から左肩にある一辺2の正方形を取り除くと、左上角の欠けた山型図形が残ります。
　この山型図形の立ち上がり部分（巾2'083、高さ2）を回転移動して矩形に置き換えた時の短辺が素数の2'083で、長辺が素数の2'087です。

　次いで、一辺2'085の正方形から左肩にある一辺4の正方形を取り除くと、左上角の欠けた山型図形が残ります。
　この山型図形の立ち上がり部分（巾2'081、高さ4）を回転移動して矩形に置き換えた時の短辺が素数の2'081で、長辺が素数の2'089です。

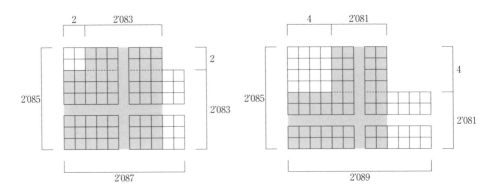

四つ子素数№8の図解

9) 四つ子素数No.9

　四つ子素数のNo.9は、(3'251, 3'253, 3'257, 3'259) です。3'255を挟んで両端の3'251と3'259は (3'255∓4)、残りの3'253と3'257は (3'255∓2) で表せます。

　これを2n＝6'510の時の最短脚長は2で、次短脚長は4であるといっても差し支えあません。またこれに一辺3'255の正方形を当てはめると、以下のようになります。

　一辺3'255正方形から左肩にある一辺2の正方形を取り除くと、左上角の欠けた山型図形が残ります。

　この山型図形の立ち上がり部分 (巾3'253、高さ2) を回転移動して矩形に置き換えた時の短辺が素数の3'253で、長辺が素数の3'267です。

　次いで、一辺3'255の正方形から左肩にある一辺4の正方形を取り除くと、左上角の欠けた山型図形が残ります。

　この山型図形の立ち上がり部分 (巾3'251、高さ4) を回転移動して矩形に置き換えた時の短辺が素数の3'251で、長辺が素数の3'259です。

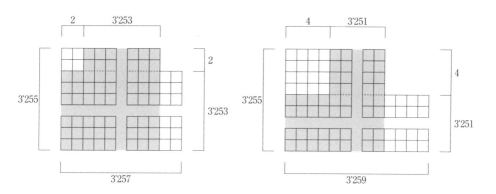

四つ子素数No.9の図解

10) 四つ子素数No.10

四つ子素数のNo.10は、(3'461, 3'463, 3'467, 3'469) です。3'465を挟んで両端の3'461と3'469は (3'465∓4)、残りの3'463と3'467は (3'465∓2) で表せます。

これを2n = 6'930の時の最短脚長は2で、次短脚長は4であるといっても差し支えありません。またこれに一辺3'465の正方形を当てはめると、以下のようになります。

一辺3'465正方形から左肩にある一辺2の正方形を取り除くと、左上角の欠けた山型図形が残ります。

この山型図形の立ち上がり部分(巾3'463、高さ2)を回転移動して矩形に置き換えた時の短辺が素数の3'463で、長辺が素数の3'467です。

次いで、一辺3'465の正方形から左肩にある一辺4の正方形を取り除くと、左上角の欠けた山型図形が残ります。

この山型図形の立ち上がり部分(巾3'461、高さ4)を回転移動して矩形に置き換えた時の短辺が素数の3'461で、長辺が素数の3'469です。

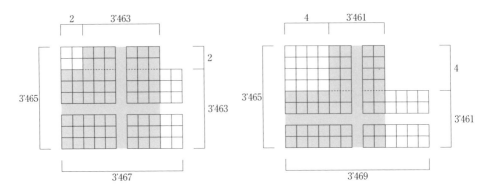

四つ子素数No.10の図解

■「四つ子素数」の代表値

前項では№10までの「四つ子素数」を図解しました。その結果、№1を除き末尾が1から9の連続する5個の奇数のうち、末尾が5の奇数nを挟んで両端に位置する素数が（n∓4）の、また残りの素数2個が（n∓2）の関係にあれば「四つ子素数」であることが判明しました。

したがって、上記のようなnを代表値として用いれば、より多くの「四つ子素数」を一覧表示することが可能となります。以下に示す代表値一覧では、No.1を除いた他のすべてが共通因子15を持つ関係で、n/15も合わせて表示しています。

なお、表中の＠記号は素数であることを示します。

別表　「四つ子素数」の代表値一覧・その1

順番	代表値n	n/15	順番	代表値n	n/15
No.1	9		No.11	5'655	377
No.2	15	1	No.12	9'435	629
No.3	105	7＠	No.13	13'005	867
No.4	195	13＠	No.14	15'645	1'043
No.5	825	55	No.15	15'735	1'049＠
No.6	1'485	99	No.16	16'065	1'071
No.7	1'875	125	No.17	18'045	1'203
No.8	2'085	139＠	No.18	18'915	1'261
No.9	3'255	217	No.19	19'425	1'295
No.10	3'465	231	No.20	21'015	1'401

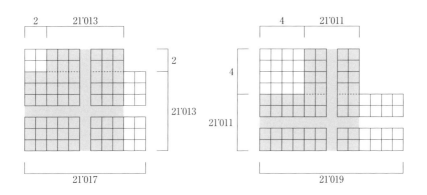

四つ子素数№20の図解

別表 「四つ子素数」の代表値一覧・その2

順番	代表値n	n/15	順番	代表値n	n/15
No.21	22'275	1'485	No.41	116'535	7'769
No.22	25'305	1'687	No.42	119'295	7'953
No.23	31'725	2'115	No.43	122'205	8'147@
No.24	34'845	2'323	No.44	144'165	9'611
No.25	43'785	2'919	No.45	157'275	10'485
No.26	51'345	3'423	No.46	165'705	11'047@
No.27	55'335	3'689	No.47	166'845	11'123
No.28	62'985	4'199	No.48	171'165	11'411@
No.29	67'215	4'481@	No.49	187'635	12'509
No.30	69'495	4'633	No.50	194'865	12'991
No.31	72'225	4'815	No.51	195'735	13'049@
No.32	77'265	5'151	No.52	201'495	13'433
No.33	79'695	5'313	No.53	201'825	13'455
No.34	81'045	5'403	No.54	225'345	15'023
No.35	82'725	5'515	No.55	240'045	16'003
No.36	88'815	5'921	No.56	247'605	16'507
No.37	97'845	6'523	No.57	247'995	16'533
No.38	99'135	6'609	No.58	257'865	17'191@
No.39	101'115	6'741	No.59	260'415	17'361
No.40	109'845	7'323	No.60	268'815	17'921@

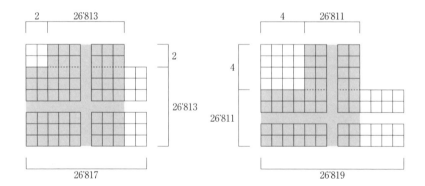

四つ子素数No.60の図解

別表 「四つ子素数」の代表値一覧・その3

順番	代表値n	n/15	順番	代表値n	n/15
No.61	276'045	18'403	No.81	402'765	26'851
No.62	285'285	19'019	No.82	412'035	27'469
No.63	295'875	19'725	No.83	419'055	27'937
No.64	299'475	19'965	No.84	420'855	28'057
No.65	300'495	20'033	No.85	427'245	28'483
No.66	301'995	20'133	No.86	442'575	29'505
No.67	334'425	22'295	No.87	444'345	29'623
No.68	340'935	22'729	No.88	452'535	30'169@
No.69	346'395	23'053@	No.89	463'455	30'857
No.70	347'985	23'199	No.90	465'165	31'011
No.71	354'255	23'617	No.91	467'475	31'165
No.72	358'905	23'927	No.92	470'085	31'339
No.73	361'215	24'081	No.93	490'575	32'705
No.74	375'255	25'017	No.94	495'615	33'041
No.75	388'695	25'913@	No.95	500'235	33'349@
No.76	389'565	25'971	No.96	510'615	34'041
No.77	394'815	26'321@	No.97	518'805	34'587
No.78	397'545	26'503	No.98	536'445	35'763
No.79	397'755	26'517	No.99	536'775	35'785
No.80	402'135	26'809	No.100	539'505	35'967

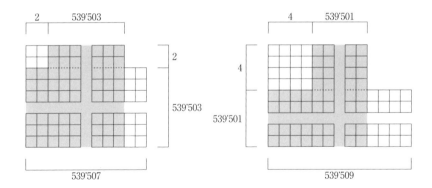

四つ子素数No.100の図解

別表 「四つ子素数」の代表値一覧・その4

順番	代表値n	n/15	順番	代表値n	n/15
No.101	549'165	36'611	No.121	666'435	44'429
No.102	559'215	37'281	No.122	680'295	45'353
No.103	563'415	37'561@	No.123	681'255	45'417
No.104	570'045	38'003	No.124	705'165	47'011
No.105	572'655	38'177@	No.125	715'155	47'677
No.106	585'915	39'061	No.126	734'475	48'965
No.107	594'825	39'655	No.127	736'365	49'091
No.108	597'675	39'845	No.128	739'395	49'293
No.109	607'305	40'487@	No.129	768'195	51'213
No.110	622'245	41'483	No.130	773'025	51'535
No.111	626'625	41'775	No.131	795'795	53'053
No.112	632'085	42'139	No.132	803'445	53'563
No.113	632'325	42'155	No.133	814'065	54'271
No.114	633'465	42'231	No.134	822'165	54'811
No.115	633'795	42'253	No.135	823'725	54'915
No.116	654'165	43'611	No.136	833'715	55'581
No.117	657'495	43'833	No.137	837'075	55'805
No.118	661'095	44'073	No.138	845'985	56'399
No.119	663'585	44'239	No.139	854'925	56'995
No.120	664'665	44'311	No.140	857'955	57'197

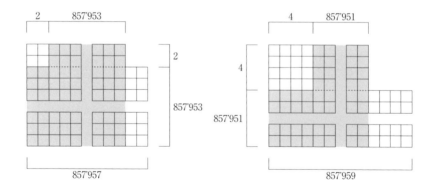

四つ子素数No.140の図解

別表 「四つ子素数」の代表値一覧・その5

順番	代表値n	n/15
No.141	875'265	58'351
No.142	876'015	58'401
No.143	881'475	58'765
No.144	889'875	59'325
No.145	907'395	60'493@
No.146	930'075	62'005
No.147	938'055	62'537
No.148	946'665	63'111@
No.149	954'975	63'665
No.150	958'545	63'903

順番	代表値n	n/15
No.151	959'465	63'965
No.152	976'305	65'087
No.153	978'075	65'205
No.154	983'445	65'563@
No.155	1'002'345	66'823
No.156	1'003'365	66'891
No.157	1'006'305	67'087
No.158	1'006'335	67'089

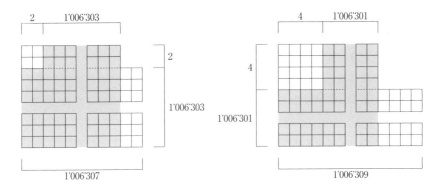

四つ子素数No.157の図解

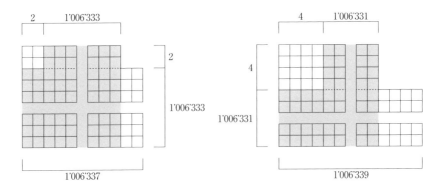

四つ子素数No.158の図解

■「八つ子素数」発見！

前項で『四つ子素数とは、異なる双子素数が最接近したケースである』と指摘しました。それでは、異なる四つ子素数が最接近した場合はどうでしょうか。

前掲の別表を再度見直すと、四つ子素数の代表値表示がNo.158で止めていることに気づきます。実はこれには重要な意味があるのです。それは、一つ手前のNo.157との差がn/15の値で2となるケースが初めて出現したからです。つまり、異なる二組の四つ子素数がここで最接近しているのです。この二組の四つ子素数間には素数は一つも存在しません。それでは『八つ子素数』の実数を確かめてみましょう。

四つ子素数No.157は、(1'006'301, 1'006'303, 1'006'307, 1'006'309) です。

四つ子素数No.158は、(1'006'331, 1'006'333, 1'006'337, 1'006'339) です。

繰り返しますが、この両者間に素数は一つもありません。

八つ子素数の代表値は、後先に位置する二組の四つ子素数の代表値を平均して求めることができます。八つ子素数No.1の代表値は1'006'320です。これをnと置けば、八つ子素数は ($n \mp 11, n \mp 13, n \mp 17, n \mp 19$) であり、マイナスとプラスが一対となる四組八脚から成り立つことが再確認できます。八つ子素数（一般形）の図解を以下に掲げます。

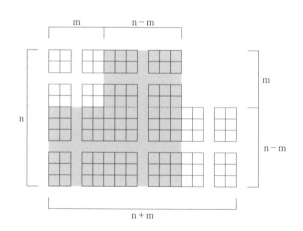

八つ子素数（一般形）の図解（n；代表値、脚長m；11,13,17,19）

■ 『多脚素数予想』

　この「八つ子素数」No.1との劇的な遭遇は、No.2、No.3……といった、より大きな八ツ子素数の存在を類推させるだけにととどまらず、さらに「十六子素数」、「三十二子素数」、「六十四子素数」、「百二十八子素数」といった2の累乗で限りなく何処までも増えていく「多脚素数」の存在を類推させることからも、素数が持つ永遠性を解く有力な糸口の一つといえましょう。

　とはいえ、こうした十六本以上の脚を有する多脚素数の実数を例示することは容易なことではありません。しかしながら、その代表値とそれに伴う脚を一般式の形で示すことは可能です。
　前にも述べたように、「八つ子素数」とは相異なる二組の「四つ子素数」が最接近するケースであり、「十六子素数」とは相異なる二組の「八つ子素数」が最接近するケースを指しています。

　したがって、最初に位置する「四つ子素数」の代表値をnと置けば、「十六子素数」の代表値は、先の「八つ子素数」の代表値と後の「八つ子素数」の代表値の平均値である$n+45$であり、それに伴う脚が（∓11、∓13、∓17、∓19、∓41、∓43、∓47、∓49）の八組、16脚であることが分かります。
　これと同様に最初に位置する「四つ子素数」の代表値をnと置けば「三十二子素数」の場合の代表値は$n+105$であり、それに伴う脚が（∓11、∓13、∓17、∓19、∓41、∓43、∓47、∓49、∓71、∓73、∓77、∓79、∓101、∓103、∓107、∓109）の十六組、32脚であることが分かります。
　ちなみに「三十二子素数」を（みそふたご素数）の愛称で呼べば、実数としての巨大さに反して愛らしき存在に見えてくるではありませんか。

玉手箱その4
ロマンチックなメルセンヌ素数

■巨大メルセンヌ素数の探索

　世界中のコンピュータをつなげて巨大素数を探すプロジェクトの開発と計算技術の飛躍的な向上によってもたらされた最新の成果は、$2^{74'207'281}-1$ という巨大メルセンヌ素数の発見でした。

　開発の経緯については正確さに欠けますが、800台にも及ぶ高性能のコンピュータを駆使して数年の歳月をかけて突き止めたとのことです。2016年1月のセンセーショナルな出来事でした。

　メルセンヌ数とは「2^n-1(2のn乗から1を差し引いた数)」で表される数で、そのうち素数はほんの少ししかありません。

　上記のメルセンヌ素数は$M_{74'207'281}$と表示されますが、今のところ49番目のメルセンヌ素数と見なされています。

　この素数の巨大さは一体どの位のものなのでしょうか。2千233万桁を超す巨大さで、最初の10桁と末尾の10桁を例示すると以下の通りです。

　　　　　3000376418O……………………………………1086436351
　　　　　　　　　　　2'233万8'618桁

ちなみに、100万3は素数ですが、わずか7桁に過ぎません。それと比べると、2千万桁を超す数が驚愕するほどの巨大さを秘めていることが想像できます。例えば1ページに2千桁を詰め込んだとしても、全体を印刷するのには、1万ページが必要なほどの数なのです。

■巨大数の簡易化の工夫

したがって、この巨大な数を短縮化して扱い易くする工夫が必要です。

最初の工夫は、$2^{16} = 65'536$ を A（エースと呼ぶことにします）と置き、これを単位として数の短縮化を図ります。

2番目の工夫は、例えば2の2^n乗のように印刷上、上手く1行に納まらないような累乗数を圧縮して分かり易く1行で表示する方法です。

前例の2の2^n乗のような場合なら、$2[2^n]$ もしくは $2[2[n]]$ と表示して、扱い易くするのです。また、2のA^8乗のような場合なら、$2[A^8]$ もしくは $2[A[8]]$ と表示することが可能です。

すると標記のNo.49のメルセンヌ素数は、

$$M_{74'207'281} = 2^{74'207'281} - 1 = 2A^{4'637'955} - 1 = 2A^{50'435} \cdot A^{70A} - 1$$
$$= 2A[4'637'955] - 1 = 2A[50'435] \cdot A[70A] - 1$$

と表示することができます。

■完全数との蜜月関係

6は完全数です。6の真の約数は3と2と1ですが、このようなすべての真の約数の和と等しい数を完全数と呼びます。数学者のユークリットは、完全数を次のように定義しました。

『1から始めて、その2倍の数を次に並べ、任意の数だけそれを続けていく。その数の和が素数になるまでそれを続け、その和に最後に加算した数を掛けて得られた積は完全数になる。』

つまり、1, 2, 4, 8, 16という数列の各項の和が素数になるまで加算していき、得られた素数に最後の項を掛け合わせて積を求めればよいということです。

この手順でNo.1からNo.4までの完全数P_1〜P_4を求めると、以下の通りです。

No.1　$P_1 = (1+2) \cdot 2 = 6$
No.2　$P_2 = (1+2+4) \cdot 4 = 28$
No.3　$P_3 = (1+2+4+8+16) \cdot 16 = 496$
No.4　$P_4 = (1+2+4+8+16+32+64) \cdot 64 = 8'128$

他方、メルセンヌ素数との関係は次の通りです。

No.1　$P_1 = 2^1 \cdot (2^2 - 1) = 6$
No.2　$P_2 = 2^2 \cdot (2^3 - 1) = 28$
No.3　$P_3 = 2^4 \cdot (2^5 - 1) = 496$
No.4　$P_4 = 2^6 \cdot (2^7 - 1) = 8'128$
No.5　$P_5 = 2^{12} \cdot (2^{13} - 1) = A/16 * (A/8 - 1) = 4'096 * 8'191 = 33'550'336$

以上に見る通り両者の関係は、$2^n - 1$が素数ならば、$2^{n-1} \cdot (2^n - 1)$は完全数となることを示しています。

つまり、完全数を探すということはメルセンヌ素数を探すということに他なりません。したがって、No.49のメルセンヌ素数が発見されたことに伴い、$P_{49} = 2^{74'207'280} \cdot M_{74'207'281}$という49番目の完全数も同時に判明したわけです。

■既知のメルセンヌ素数と完全数の一覧

　ここでは、これまでに発見されているすべてのメルセンヌ素数と完全数について、その1からその5に分けて掲載します。

　またこれに合わせて、各表の末尾を飾る同№のメルセンヌ素数と完全数の図を例示します。

　それに先だち、メルセンヌ素数（一般形）と完全数（一般形）の図解を試みると、以下の通りです。

　始めにメルセンヌ素数（一般形）については、一辺が$2^{n-1}+1$の正方形を利用します。

　この正方形から、左上角にあるやや小さめの一辺が$2^{n-1}-2$の正方形を取り除いた跡に残る山型図形の立ち上がり部分（巾；3、高さ；$2^{n-1}-2$）を回転移動して、矩形に置き換えた時の長辺は2^n-1、短辺は3です。

　つまり、$2(2^{n-1}+1)$ の最長脚素数和は $(2^n-1)+3$ で長短両辺の和であり、最長脚素数積は $(2^n-1)\cdot 3$ で長短両辺の積であることを意味しています。

　次に、完全数の方は長辺(2^n-1)短辺2^{n-1}とした時の長短両辺の積として求められています。

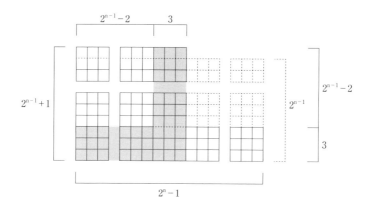

1) 一覧表　その1

(No.1)　　$M_2 = 2^2 - 1 = 3$
　　　　　$P_1 = 2^1(2^2 - 1) = 2*3 = 6$

(No.2)　　$M_3 = 2^3 - 1 = 7$
　　　　　$P_2 = 2^2(2^3 - 1) = 4*7 = 28$

(No.3)　　$M_5 = 2^5 - 1 = 31$
　　　　　$P_3 = 2^4(2^5 - 1) = 16*31 = 496$

(No.4)　　$M_7 = 2^7 - 1 = 127$
　　　　　$P_4 = 2^6(2^7 - 1) = 64*127 = 8'128$

(No.5)　　$M_{13} = 2^{13} - 1 = A/8 - 1$ 　　　　　　　$(2^{13} = 2^{16-3} = A/2^3 = A/8)$
　　　　　$P_5 = 2^{12}(2^{13} - 1) = (A/16)*(A/8 - 1)$

(No.6)　　$M_{17} = 2^{17} - 1 = 2A - 1$ 　　　　　　　$(2^{17} = 2^{16+1} = 2A)$
　　　　　$P_6 = 2^{16}(2^{17} - 1) = A\ (2A - 1)$

(No.7)　　$M_{19} = 2^{19} - 1 = 8A - 1$ 　　　　　　　$(2^{19} = 2^{16+3} = 8A)$
　　　　　$P_7 = 2^{18}(2^{19} - 1) = 4A\ (8A - 1)$

(No.8)　　$M_{31} = 2^{31} - 1 = A^2/2 - 1 = 32'768A - 1$ 　　$(2^{31} = 2^{32-1} = A^2/2)$
　　　　　$P_8 = 2^{30}(2^{31} - 1) = (A^2/4)*(A^2/2 - 1)$

(No.9)　　$M_{61} = 2^{61} - 1 = 2^{31}*2^{30} - 1 = (A^2/2)*(A^2/4 - 1) = A^4/8 - 1$
　　　　　$P_9 = 2^{60}(2^{61} - 1) = (A^4/16)*(A^4/8 - 1)$ 　　$(2^{61} = 2^{64-3} = A^4/8)$

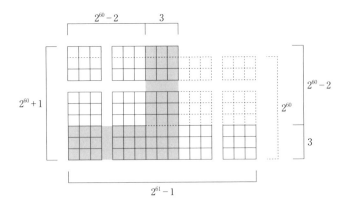

(No.9)　M_{61} と P_9 の図解

2) 一覧表 その2

(No.10)　$M_{89} = 2^{89} - 1 = A^6/128 - 1 = 512A^5 - 1$　　　　　　　　$(2^{96} = A^6)$
　　　　　$P_{10} = 2^{88}(2^{89} - 1) = A^6/256 * (A^6/128 - 1)$

(No.11)　$M_{107} = 2^{107} - 1 = A^7/32 - 1 = 2'048A^6 - 1$　　　　　$(2^{112} = A^7)$
　　　　　$P_{11} = 2^{106}(2^{107} - 1) = (A^7/64) * (A^7/32 - 1)$

(No.12)　$M_{127} = 2^{127} - 1 = A^8/2 - 1 = 32'768A^7 - 1$　　　　　$(2^{128} = A^8)$
　　　　　$P_{12} = 2^{126}(2^{127} - 1) = (A^8/4) * (A^8/2 - 1)$

(No.13)　$M_{521} = 2^{521} - 1 = A^{33}/128 - 1 = 512A^{32} - 1$　　　　$(2^{528} = A^{33})$
　　　　　$P_{13} = 2^{520}(2^{521} - 1) = (A^{33}/256) * (A^{33}/128 - 1)$

(No.14)　$M_{607} = 2^{607} - 1 = A^{38}/2 - 1 = 32'768A^{37} - 1$　　　　$(2^{608} = A^{38})$
　　　　　$P_{14} = 2^{606}(2^{607} - 1) = (A^{38}/4) * (A^{38}/2 - 1)$

(No.15)　$M_{1'279} = 2^{1'279} - 1 = A^{80}/2 - 1 = 32'768A^{79} - 1$　　　$(2^{1'280} = A^{80})$
　　　　　$P_{15} = 2^{1'278}(2^{1'279} - 1) = (A^{80}/4) * (A^{80}/2 - 1)$

(No.16)　$M_{2'203} = 2^{2'203} - 1 = A^{138}/32 - 1 = 2'048A^{137} - 1$　　$(2^{2'208} = A^{138})$
　　　　　$P_{16} = 2^{2'202}(2^{2'203} - 1) = (A^{138}/64) * (A^{138}/32 - 1)$

(No.17)　$M_{2'281} = 2^{2'281} - 1 = A^{143}/128 - 1 = 512A^{142} - 1$　　$(2^{2'288} = A^{143})$
　　　　　$P_{17} = 2^{2'280}(2^{2'281} - 1) = (A^{143}/256) * (A^{143}/128 - 1)$

(No.18)　$M_{3'217} = 2^{3'217} - 1 = 2A^{201} - 1$　　　　　　　　　　$(2^{3'216} = A^{201})$
　　　　　$P_{18} = 2^{3'216}(2^{3'217} - 1) = A^{201}(2A^{201} - 1)$

(No.19)　$M_{4'253} = 2^{4'253} - 1 = A^{266}/8 - 1 = 8'192A^{265} - 1$　　$(2^{4'256} = A^{266})$
　　　　　$P_{19} = 2^{4'252}(2^{4'253} - 1) = (A^{266}/16) * (A^{266}/8 - 1)$

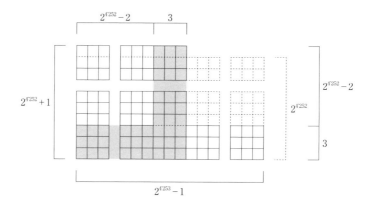

(No.19)　$M_{4'253}$ と P_{19} の図解

3) 一覧表　その3

(No.20)　$M_{4'423} = 2^{4'423} - 1 = 128A^{276} - 1$ 　　　　　　　　　　　　$(2^{4'416} = A^{276})$
　　　　　$P_{20} = 2^{4'422}(2^{4'423} - 1) = (64A^{276})^*(128A^{276} - 1)$

(No.21)　$M_{9'689} = 2^{9'689} - 1 = A^{605}/128 - 1 = 512A^{604} - 1$
　　　　　$P_{21} = 2^{9'688}(2^{9'689} - 1) = (A^{605}/256)^*(A^{605}/128 - 1)$

(No.22)　$M_{9'941} = 2^{9'941} - 1 = 32A^{621} - 1$ 　　　　　　　　　　　　$(2^{9'936} = A^{621})$
　　　　　$P_{22} = 2^{9'940}(2^{9'941} - 1) = (64A^{621})^*(32A^{621} - 1)$

(No.23)　$M_{11'213} = 2^{11'213} - 1 = A^{701}/8 - 1 = 8'192A^{700} - 1$
　　　　　$P_{23} = 2^{11'212}(2^{11'213} - 1) = (A^{701}/16)^*(A^{701}/8 - 1)$

(No.24)　$M_{19'937} = 2^{19'937} - 1 = 2A^{1'246} - 1$ 　　　　　　　　　　　$(2^{19'936} = A^{1'246})$
　　　　　$P_{24} = 2^{19'936}(2^{19'937} - 1) = A^{1'246}(2A^{17'246} - 1)$

(No.25)　$M_{21'701} = 2^{21'701} - 1 = 32A^{1'356} - 1$ 　　　　　　　　　　　$(2^{21'696} = A^{1'356})$
　　　　　$P_{25} = 2^{21'700}(2^{21'701} - 1) = 64A^{1'356}(32A^{1'356} - 1)$

(No.26)　$M_{23'209} = 2^{23'209} - 1 = A^{1'451}/128 - 1 = 512A^{1'450} - 1$
　　　　　$P_{26} = 2^{23'208}(2^{23'209} - 1) = (A^{1'451}/256)^*(A^{1'451}/128 - 1)$

(No.27)　$M_{44'497} = 2^{44'497} - 1 = 2A^{2781} - 1$
　　　　　$P_{27} = 2^{44'496}(2^{44'497} - 1) = A^{2781}(2A^{2781} - 1)$

(No.28)　$M_{86'243} = 2^{86'243} - 1 = 8A^{5'390} - 1$
　　　　　$P_{28} = 2^{86'242*}(2^{86'243} - 1) = 16A^{5'390}(8A^{5'390} - 1)$

(No.29)　$M_{110'503} = 2^{110'503} - 1 = 128A^{6'906} - 1$
　　　　　$P_{29} = 2^{110'502*}(2^{110'503} - 1) = 256A^{6'906}(128A^{6'906} - 1)$

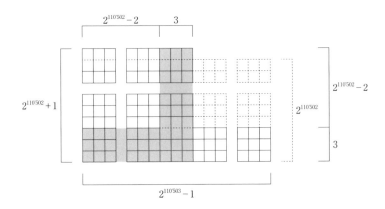

(No.29)　$M_{110'503}$ と P_{29} の図解

4) 一覧表 その4

(No.30)　$M_{132'049} = 2^{132'049} - 1 = 2A^{8'253} - 1$
　　　　$P_{30} = 2^{132'048}(2^{132'049} - 1) = A^{8'253}(2A^{8'253} - 1)$

(No.31)　$M_{216'091} = 2^{216'091} - 1 = A^{13'506}/32 - 1 = 2'048A^{13'505} - 1$
　　　　$P_{31} = 2^{216'090}(2^{216'091} - 1) = (A^{13'506}/32)*(A^{13'506}/16 - 1)$

(No.32)　$M_{756'839} = 2^{756'839} - 1 = 128A^{47'302} - 1$
　　　　$P_{32} = 2^{756'838}*(2^{756'839} - 1) = 256A^{47'302}(128A^{47'302} - 1)$

(No.33)　$M_{859'433} = 2^{859'433} - 1 = A^{53'715}/128 - 1 = 512A^{53'714} - 1$
　　　　$P_{33} = 2^{859'432}(2^{859'433} - 1) = (A^{53'715}/256)*(A^{53'715}/128 - 1)$

(No.34)　$M_{1'257'787} = 2^{1'257'787} - 1 = A^{78'612}/32 - 1 = 2'048A^{78'611} - 1$
　　　　$P_{34} = 2^{1'257'786}(2^{1'257'787} - 1) = (A^{78'612}/64)*(A^{78'612}/32 - 1)$

(No.35)　$M_{1'398'269} = 2^{1'398'269} - 1 = A^{87'392}/8 - 1 = 8'192A^{87'391} - 1$
　　　　$P_{35} = 2^{1'398'268}(2^{1'398'268} - 1) = (A^{87'392}/16)*(A^{87'392}/8 - 1)$

(No.36)　$M_{2'976'221} = 2^{2'976'221} - 1 = A^{186'014}/8 - 1 = 8'192A^{186'013} - 1$
　　　　$P_{36} = 2^{2'976'220}(2^{2'976'221} - 1) = (A^{186'014}/16)*(A^{186'014}/8 - 1)$

(No.37)　$M_{3'021'377} = 2^{3'021'377} - 1 = 2A^{188'836} - 1$
　　　　$P_{37} = 2^{3'021'376}*(2^{3'021'377} - 1) = A^{188'836}(2A^{188'836} - 1)$

(No.38)　$M_{6'972'593} = 2^{6'972'593} - 1 = 2A^{435'787} - 1$
　　　　$P_{38} = 2^{6'972'592}*(2^{6'972'593} - 1) = A^{435'787}(2A^{435'787} - 1)$

(No.39)　$M_{13'466'917} = 2^{13'466'917} - 1 = 32A^{841'682} - 1$
　　　　$P_{39} = 2^{13'466'916}*(2^{13'466'917} - 1) = 64A^{841'682}(128A^{841'682} - 1)$

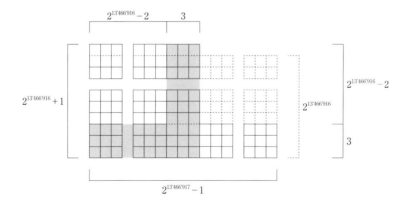

(No.39)　$M_{13'466'917}$ と P_{39} の図解

5) 一覧表 その5

(No.40) $M_{20'996'011} = 2^{20'996'011} - 1 = A^{1'312'251}/32 - 1 = 2'048 A^{1'312'250} - 1$
$P_{40} = 2^{20'996'010}(2^{20'996'011} - 1) = (A^{1'312'251}/64) * (A^{1'312'251}/32 - 1)$

(No.41) $M_{24'036'583} = 2^{24'036'583} - 1 = 128 A^{1'502'286} - 1$
$P_{41} = 2^{24'036'582}(2^{24'036'583} - 1) = 64 A^{1'502'286}(128 A^{1'502'286} - 1)$

(No.42) $M_{25'964'951} = 2^{25'964'951} - 1 = 128 A^{1'622'809} - 1$
$P_{42} = 2^{25'964'950}(2^{25'964'951} - 1) = 256 A^{1'622'809} * (128 A^{1'622'809} - 1)$

(No.43) $M_{30'402'457} = 2^{30'402'457} - 1 = 512 A^{1'900'153} - 1$
$P_{43} = 2^{30'402'456}(2^{30'402'457} - 1) = 1024 A^{1'900'153}(512 A^{1'900'153} - 1)$

(No.44) $M_{32'582'657} = 2^{32'582'657} - 1 = 2 A^{2'036'416} - 1$
$P_{44} = 2^{32'5826456}(2^{32'582'557} - 1) = 4 A^{1'900'153}(512 A^{2'036'416} - 1)$

(No.45) $M_{37'156'667} = 2^{37'156'667} - 1 = A^{2'322'292}/32 - 1 = 2'048 A^{2'322'291} - 1$
$P_{45} = 2^{37'156'666}(2^{37'156'667} - 1) = (A^{2'322'292}/64) * (A^{2'322'292}/32 - 1)$

(No.46) $M_{42'643'801} = 2^{42'643'801} - 1 = 512 A^{2'665'237} - 1$
$P_{46} = 2^{42'643'800}(2^{42'643'801} - 1) = 4 A^{2'665'237}(512 A^{2'665'237} - 1)$

(No.47) $M_{43'112'609} = 2^{43'112'609} - 1 = 2 A^{2'694'538} - 1$
$P_{47} = 2^{43'112'608}(2^{43'112'609} - 1) = 4 A^{2'694'538}(512 A^{2'694'538} - 1)$

(No.48) $M_{57'885'161} = 2^{57'885'161} - 1 = A^{3'617'823}/128 - 1 = 512 A^{3'617'822} - 1$
$P_{48} = 2^{57'885'160}(2^{57'885'161} - 1) = (A^{3'617'823}/256) * (A^{3'617'823}/128 - 1)$

(No.49) $M_{74'207'281} = 2^{74'207'281} - 1 = 2 A^{4'637'955} - 1 \quad (2^{74'207'280} = A^{4'637'955})$
$P_{49} = 2^{74'207'280}(2^{74'207'281} - 1) = A^{4'637'955}(2 A^{4'637'955} - 1)$

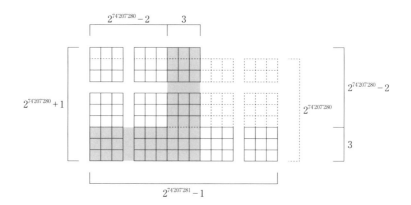

(No.49)　$M_{74'207'281}$ と P_{49} の図解

■有力な超々巨大メルセンヌ素数候補

前項に掲げた既知のメルセンヌ素数をつぶさに観察すると、2を定とする対数関係で連なる二筋の系列があることに気づきます。

その一つは、素数の5からスタートして、No.3のM_5とNo.8のM_{31}を経由し、その先は超々巨大メルセンヌ素数候補に連なる系列です。この第1系列の対数関係は以下の通りです。

No.3 　　$M_5 = 2^5 - 1 = 31$
No.8 　　$M_{31} = 2^{31} - 1 = A^2/2 - 1 = 32'768A - 1$
No.w 　　$M_{32'768A-1} = 2^{32'768A-1} - 1 = 2^{2'147'483'648-1} - 1$

もう一つは、No.1のM2、No.2のM3、No.4のM7、No.12のM127を経由して、その先は超々巨大メルセンヌ素数候補に連なる系列です。
この第2系列の対数関係は以下の通りです。

No.1 　　$M_2 = 2^2 - 1 = 3$
No.2 　　$M_3 = 2^3 - 1 = 7$
No.4 　　$M_7 = 2^7 - 1 = 127$
No.12 　 $M_{127} = 2^{127} - 1 = A^8/2 - 1 = 32'768A[7] - 1$
No.ww 　$M_{32'768A[7]-1} = 2^{32'768A[7]-1} - 1$

仮のナンバーを付けた超々巨大メルセンヌ素数候補は近い将来、さらなる高性能のコンピュータの開発に伴い検証の対象になるでしょう。
特に、No.wの方は高々、2の21億乗規模のメルセンヌ数ですから、既に2の7,400万乗規模に到達しているメルセンヌ素数の開発技術をもってすれば、すぐにでも結論が出せるかも知れませんね。

玉手箱その5

補論；拡張ゴールドバッハ予想への矩形abc理論の適用

■「拡張ゴールドバッハ予想」（以下、「拡張予想」と略称）

『1を除くすべての正の整数nを二倍した複数2nは、必ず一組以上の素数和を有する。』という従来の予想を、次のように拡張する。

『7以上のすべての整数nを二倍した複数2nは、必ず二組以上の素数和および素数積を有する。』

■「矩形abc理論」（以下、「矩形理論」と略称）

長方形の長辺をa、短辺をbとすれば、両辺の和をa＋b＝c、面積をabで表示できる。正方形の場合は、二辺の和はa＋a＝2a、面積はa^2となる。

■「拡張予想」への「矩形理論」の適用

7以上の整数nを二倍した複数2nの素数和および素数積を求めるために、一辺がnの正方形を利用する。

nが素数であれば、正方形の二辺の和はn＋n＝a＋aで素数和を、面積は$n^2=a^2$で素数積を表示できる。（図1参照）また、2n－3が素数であれば、一辺がnの正方形の左上隅から一辺が（n－3）の正方形を取り除いた跡に残る「山型図形」の立ち上がり部分（巾3、高さn－3）を回転移動して長方形に置き換えた時の長辺aが2n－3、短辺bが3であれば、a＋b＝(2n－3)＋3は素数和、ab＝3(2n－3) は素数積である。（図2参照）

以下ページを改めて、最長脚素数和（積）および最短脚素数和（積）について図解する。

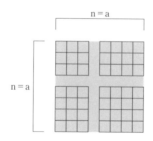

図1　n＝aの正方形；最短脚素数和（積）

1）最長脚素数和（積）

　図2で示すように、一辺がnの正方形の左上隅から一辺がn−3の方形を取り除いた際に残る図形（以下、山型図形と呼ぶ）の立ち上がり部分（巾3、高さn−3）を回転移動して長方形に置き換えた時の長辺を$a=2n-3$、短辺を$b=3$とする。

イ）$a=2n-3$が素数であれば、$a+b=(2n-3)+3$は素数和となる。また、$ab=ba=3(2n-3)$は素数積である。そして、この素数和（積）に伴う∓(n−3)を「脚（あし）」と呼べば、前記の素数和（積）が最長脚素数和（積）であり、n−3が最長脚長となる。

ロ）$a=2n-3$が素数でなければ、$(2n-5)$、$(2n-7)$、$(2n-11)$、$(2n-13)$、$(2n-17)$、$(2n-19)$、$(2n-23)$,…という具合に2nから素数を順次差し引いていき、図3に従って∓(n−b)が最長脚となるような素数bを探せばよい。ここでの$a+b=c$は$(2n-b)+b=2n$であり、最長脚素数和となる。したがって、最長脚長は(n−b)である。最長脚素数積は$ab=ba=b(2n-b)$である。

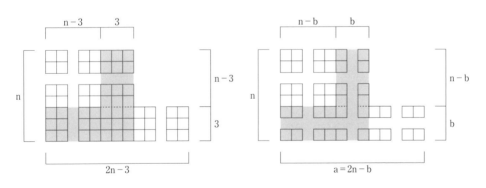

　　　図2　最長脚長：(n−3)　　　　　図3　最長脚長；(n−b)

2）最短脚素数和（積）

イ）nが素数である場合

　一辺がn＝aの正方形において二辺の和はn＋n＝a＋aで、脚が∓b＝0であることから、これが脚長0の最短脚素数和となる。また、最短脚素数積は$n^2=a^2$である。（図1参照）

ロ）nが素数でない場合

　nが偶数か奇数かによって扱い方が異なる。偶数奇数のいずれにおいても、一辺がn＝aの正方形を利用する。

　始めに、nが偶数の時は、n∓1から出発する。これがnを挟む二つの素数であれば、双子素数である。

これは最短脚素数和が $(n-1)+(n+1)=2n$、

つまり、$(a-1)+(a+1)=2a$であり、同時に最短脚長が$(n-b)=1$であることを意味する。

最短脚素数積は $(n-1)(n+1)=n^2-1$,

すなわち、$(a-1)(a+1)=a^2-1$である。（図4参照）

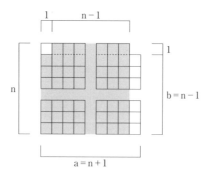

図4　最短脚長；(1＝n－b)

n∓1がnを挟む二つの素数でなければ、n∓3、n∓5、n∓7、n∓9、…という具合にnを挟んで二つの素数を与えるような脚を探していけばよい。その際、最初に遭遇する脚長u＝n－bが最短脚長である。

図5で見るように、最短脚素数和は（n－u）＋（n＋u）、最短脚素数積は（n－u）（n＋u）である。ただし、uは奇数。

例えば、n∓3がnを挟んで二つの素数を与えるような場合の最短脚長は（n－3）であり、最短脚素数和は（n－3）＋（n＋3）で、最短脚素数積は（n－3）（n＋3）である。（図6参照）

この二つの素数は、「奇数二つトビ素数」に当てはまる。

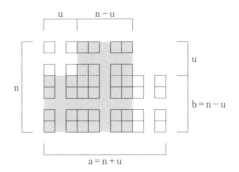

図5　最短脚長；（u＝n－b）

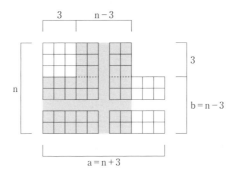

図6　最短脚長；（3＝n－b）

次いで、nが奇数の時は、n∓2から出発する。これがnを挟む二つの素数であれば、「奇数一つトビ素数」である。

これは最短脚素数和が $(n-2)+(n+2)=2n$ すなわち、$(a-2)+(a+2)=2a$ であり、同時に最短脚長が $2=(n-b)$ であることを意味する。（図7参照）

最短脚素数積は $(n-2)(n+2)=n^2-4$、

すなわち、$(a-2)(a+2)=a^2-4$ である。

n∓2がnを挟む二つの素数でなければ、n∓4、n∓6、n∓8、n∓10、…という具合にnを挟んで二つの素数を与えるような脚を探していけばよい。

その際、最初に遭遇する偶数 $e=(n-b)$ が最短脚長であり、図8で見るように、最短脚素数和は

$(n-e)+(n+e)$、

最短脚素数積は

$(n-e)(n+e)$ である。

例えば、n∓4がnを挟んで二つの素数を与える場合の最短脚長は

$(n-4)$ であり、最短脚素数和は $(n-4)+(n+4)$ で、最短脚素数積は

$(n-4)(n+4)$ である。（図8参照）

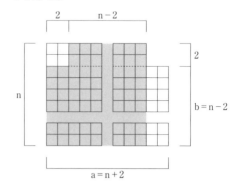

図7　最短脚長；$(2=n-b)$

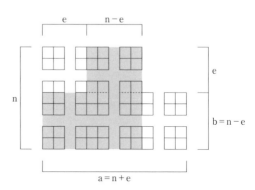

図8　最短脚長；$(e=n-b)$

■メルセンヌ素数での検証例

メルセンヌ素数（$2^{19}-1$）を$2n-3$と置けば、$n=2^{18}+1$が求まる。

ここでは、このnに関する最長脚素数和（積）および最短脚素数和（積）から、「拡張予想」に対する「矩形理論」の適用の確かさを検証してみよう。

図9に示す通り、一辺が$n=2^{18}+1$の正方形を利用する。

最初に最長脚素数和（積）を求める。一辺が$n=2^{18}+1$の正方形の左上隅から一辺が（n−3）のやや小さめの正方形を取り除いた際に残る山型図形の立ち上がり部分（巾3、高さn−3）を回転移動して長方形に置き換えた時の、長辺である2n−3をa、短辺3をbとする。この長方形の長短両辺の和は、a＋b＝(2n−3)＋3で、これが最長脚素数和に該当する。

最長脚素数積は、ab＝ba＝3(2n−3)である。また両者に共通の最長脚は、∓(n−3)である。

次に最短脚素数和（積）を求める。一辺が$n=2^{18}+1$の正方形の左上隅から一辺が2の小さめの正方形を取り除いた際に残る山型図形の立ち上がり部分（巾n−2、高さ2）を回転移動して長方形に置き換えた時の、長辺である（n＋2）をa、短辺（n−2）をbとする。この長方形の長短両辺の和は、a＋b＝(n＋2)＋(n−2)で、これが最短脚素数和に該当する。

最短脚素数積は、ab＝(n＋2)(n−2)である。また両者に共通の最長脚は、∓2である。（図10参照）

なお、(n＋2)＝($2^{18}+1$)＋2＝262'151、(n−2)＝($2^{18}+1$)−2＝262'147で、いずれも素数である。

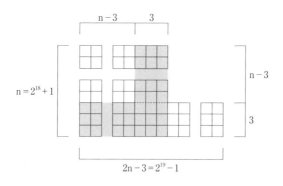

図9　最長脚長：（n−3）

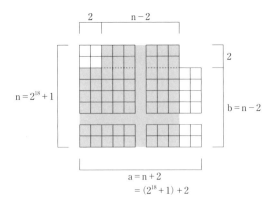

図10 最短脚長；(2＝n－b)

■まとめ

ここでの補論によって、『7以上の整数nを二倍した複数2nは、算定可能な最長脚素数和（積）と最短脚素数和（積）を必ず有する。』ことが立証された。

それでは、据え置かれていたれた2以上6以下の整数について確かめてみよう。素数和（積）の組数は、n＝5　2n＝10の場合は二組あるが、それ以外はすべて一組であることが分かる。

したがって、270余年の長きにわたって解明されずにきた『ゴールドバッハ予想』は、ここで完全に証明されたことになる。

著者プロフィール

藤上 輝之（ふじかみ　てるゆき）

芝浦工業大学名誉教授
工学博士・一級建築士・建築コスト管理士

1937年生まれ
1956年　東京都立武蔵丘高校卒業
1960年　東京都立大学工学部・建築学科卒業

（公社）日本建築積算協会・第七代会長
趣味：関西棋院（囲碁）アマ八段

著書に『建築経済』共訳（1968、鹿島研究所出版会）
『建築現場実用語辞典』共著（1988、井上書院）
『建築技術者になるには』共著（1998、ぺりかん社）等がある。

図解「素数玉手箱」

2018年10月15日　初版第1刷発行

著　者　　藤上　輝之
発行者　　瓜谷　綱延
発行所　　株式会社文芸社
　　　　　〒160-0022　東京都新宿区新宿1-10-1
　　　　　　　　　　電話　03-5369-3060（代表）
　　　　　　　　　　　　　03-5369-2299（販売）

印刷所　　株式会社フクイン

©Teruyuki Fujikami 2018 Printed in Japan
乱丁本・落丁本はお手数ですが小社販売部宛にお送りください。
送料小社負担にてお取り替えいたします。
本書の一部、あるいは全部を無断で複写・複製・転載・放映、データ配信することは、法律で認められた場合を除き、著作権の侵害となります。
ISBN978-4-286-19953-5